鞋类设计师专业教材

运动鞋设计教程

编 著 林述琦 林 娟 许额芳

辽宁美术出版社

图书在版编目（ＣＩＰ）数据

运动鞋设计教程 ／ 林述琦等编著. —— 沈阳：辽宁
美术出版社，2015.5
（鞋类设计师专业教材）
ISBN 978-7-5314-6870-7

Ⅰ．①运… Ⅱ．①林… Ⅲ．①运动鞋-设计-高等学
校-教材 Ⅳ．①TS943.74

中国版本图书馆CIP数据核字（2015）第105538号

出版发行　辽宁美术出版社

经　　销　全国新华书店

地址　沈阳市和平区民族北街29号　邮编：110001
邮箱　lnmscbs@163.com
网址　http://www.lnmscbs.com
电话　024-23404603

封面设计　何　丹　李　彤
版式设计　彭伟哲　薛冰焰　吴　烨　高　桐

印刷

沈阳市博益印刷有限公司

责任编辑　李　彤
责任校对　吕　雪　吕佳元　李　昂
版次　2015年5月第1版　2015年5月第1次印刷
开本　889mm×1194mm　1/16
印张　6.5
字数　210千字
书号　ISBN 978-7-5314-6870-7
定价　49.00元

图书如有印装质量问题，请与出版部联系调换
出版部电话　024-23835227

前言 >>

鞋类设计是一门实践性很强的学科，运动鞋设计艺术源于社会，又反馈于社会，美于人类。本教材以"求美"、"求新"、"求变"为创新思维，将运动鞋设计艺术与生产需求中丰富的创新因子汇集书中，希望能促进设计师的培养与创新能力的形成和提高。

在制鞋业处于以在保证质量的基础上，追求数量为主要特征的生产加工时期，设计这一环节对产品来说是非常重要的。人们通常将设计师与样板师、工艺师、美术师和操作技师等同起来，"设计"成了"仿制"、"制版"的代名词，设计开发和生产往往跟不上市场变化的需求，更谈不上把握市场和引导潮流。究其原因，主要是没有制定科学的设计程序并辅以高效的设计管理模式。设计师除了应具备专业知识以外，更要讲究管理及流程控制到位和良好的信息沟通渠道，进而提高效率，节省成本，增加企业效益。

《鞋类设计师专业教材——运动鞋设计教程》是福建省教育体制改革领导小组办公室2011年立项的"校企合作教材建设计划"，列入教育部立项的《职业教育鞋类设计与工艺专业国家教学资源库"鞋类设计师职业技能规范"》项目建设专用教材。由泉州华光职业学院鞋服科学研究所、华光职业学院鞋服学院、福建鸿星尔克集团、特步（中国）有限公司、安踏（中国）有限公司、凯毅（福建）体育用品有限公司等6个单位，组织学校和企业的5位国家一级鞋类设计师、2位国家二级鞋类设计师和1位命题专家组成"教材编著课题组"。根据《鞋类设计师国家职业标准》的相关知识和技能考核要求，结合"中国鞋都（晋江）"运动鞋设计的实用操作要求，从设计师综合素质的培养、运动鞋设计学理论、运动鞋色彩、造型、效果设计，连接运动鞋工艺图设计案例和运动鞋手绘设计案例，系统、直观地表述了鞋类设计师应具备的专业知识与创新技能。

本教材适合作为高等院校工业产品设计专业教材，也可作为国家职业资格二级鞋类设计师、三级鞋类设计师的培训考核专用教材。本教材是校企合作编著，难免有不足之处，希望广大读者能提出意见来指正。

教材编著课题组

教材编写课题组成员：

林述琦：国家一级鞋类设计师 [泉州华光职业学院鞋服学院]
林 娟：国家一级鞋类设计师 [泉州华光职业学院鞋服科学研究所]
许额芳：国家一级鞋类设计师 [泉州华光职业学院鞋服学院]
熊益清：国家一级鞋类设计师 [福建鸿星尔克集团]
戴 勇：国家一级鞋类设计师 [特步（中国）有限公司]
柯育发：福建省制鞋工命题专家 [安踏（中国）有限公司]
林 建：国家二级鞋类设计师 [凯毅（福建）体育用品有限公司]

参考图设计者：

钟 毅：安踏（中国）有限公司设计部
陈艺川：福建鸿星尔克集团设计部
周 晖：福建足友体育用品有限公司设计部
陈少锋：晋江市金威体育用品有限公司设计部
杨 阳：特步（中国）有限公司设计部
陈剑波：凯毅（福建）体育用品有限公司设计部
陈晴晴：泉州集友鞋业有限公司设计部
吴思佳：泉州华光职业学院鞋服科学研究所
李安全：泉州华光职业学院鞋服科学研究所
郑琳雀：泉州华光职业学院鞋服科学研究所
林丽丽：泉州华光职业学院鞋服科学研究所
陈莹莹：泉州华光职业学院鞋服科学研究所
陈 蕾：泉州华光职业学院鞋服科学研究所

目录 contents

第一章　设计师应具备的综合素质

作为一名现代鞋类设计师，需要具备敏捷的设计思维和科学的设计理念，并应具备很强的应变能力。

第一节　设计思维培养

一、正向思维和反向思维

正向思维和反向思维是事物的两个方面，这两个方面可以相互依存、相互转化。如果只强调一方面而忽视另一方面，通常会带来思维上的片面性和局限性。一般情况下，人们习惯于正向思维，而不习惯于反向思维。可是在某些情况下，运用反向思维会收到意想不到的造型效果。

例如仿型设计在确认仿制对象后，要观察分析产品特点，画出成品图与结构设计图，按照要求制版、开料试制和修改。仿型设计要观察、分析原型产品，要从楦头、外底、材料、结构和工艺等方面入手。通过观察外观造型的感觉，测量部件的相关数据，解决仿型设计具体的尺寸问题。不同的造型和不同的线条会传达出不同的感情，从仿制的意义来说，神似比形似更重要。

从思维的方式来讲，正向思维是按常规去分析和研究，而反向思维则具有突破固有观念的独创性。反向思维没有现成的逻辑和规律可循，需要设计师去标新立异和独辟蹊径。在设计的过程中，将正向思维和反向思维两者结合，设计创新的理念就是突破传统固有的形式，把现成的素材进行抽象的组合。这样才会创造出富有新时代特点、具有强烈节奏感和律动感、呈现艺术独特魅力、令人耳目一新的产品来。

二、横向思维和纵向思维

横向思维和纵向思维都属于比较性思维，是从事物的横向和纵向两个不同角度进行的思维形式。

横向思维即截取事物发展中的某一横断面进行分析比较，在分析研究其共性的基础上及时把握新的"个性"特征。这种思维形式运用在运动鞋设计之间的比较上，一方面可以通过比较、分析、了解其同类鞋业发展的不同之处，来取长补短，充实设计主题构思；另一方面通过综合性分析研究，可以借鉴和吸收其精华为我所用。运用横向思维并通过综合性的研究和探索，既可获得新的启示，又能拓宽设计思路，在借鉴和吸收新元素的前提下，创作出具有现代意识的作品，满足人们的审美需求。

鞋类设计师在产品设计中根据市场调研与同类产品的比较，将其创造性的想象，运用不同的方法和形式表现出来。

1. 创意同形异构法：这种创意方法的特点是在产品外部大轮廓造型相同的情况下，对内在结构进行调整改造，可增加此品种的内部变化。

2. 以点带面创意法：是指抓住产品的某个特征点作为深入的契机，带动整体，向点靠拢，再向外发散。

3. 推陈出新创意法：是把现代的流行素材提炼并嫁接到陈旧的产品上，使其产生崭新的面貌。

4. 极限推演创意法：是把形状的大小、位置的前后高低、轮廓的方圆曲直，都推演到一个极限，从而设计出的全新产品。

纵向思维（也称历史性思维）是侧重于将事物发展中的某些历史阶段加以比较，了解其发展历史，分析现状，预测未来。鞋类的设计要有前卫的超前性，更需要借助纵向思维形式，通过对鞋文化发展历史的前后比较和客观评价，选择和确立最合理的设计构思和设计方案。

三、多向思维和侧向思维

多向思维和侧向思维都是依据事物间相互联系的多样性的规律来进行思维的方式。鞋与鞋、鞋与服饰、鞋与其他造型艺术之间都存在着一定的联系，因此，通过全面的分析和研究，可产生各种新的构思。一般情况下，人们习惯于根据经验在特定的环境、空间及范围内去分析、推理。这种方法通常会存在一定的局限性，可一旦有意识地移动视点、改换视线、扩大范围，突破传统的时空观念，从不熟悉的角度去观察揭示客观对象，就容易产生某种奇特的设计灵感和设计意念。

例如鞋帮与鞋底虽然在位置上、功能上和选用材料上不同，各有其相对的独立性，但在对比之中也要找平衡，通过帮和底的互相衬托达到鞋的整体谐调美。设计时要抓住每种鞋款式变化的特征进行发挥，强调突出重点并形成亮点。

多向思维侧重于事物自身领域内的研究，将各种不同类型、不同风格的产品造型进行比较，找出共同点和不同点，进而寻找其造型规律和倾向性，并选择适当的方法去重新设计。运用多向思维可突破原有产品造型及功能的界限，及时发现问题并通过多种有效途径解决问题，取得更理想、更完美的设计效果。

侧向思维是领域与领域之间的相互交叉和渗透，从其他领域内通过丰富的想象和联想而获得灵感，由此及时地解决本领域的问题。这种思维方式用于鞋类设计可以获得意外的成功。借鉴装饰艺术的特点及建筑艺术、环境艺术的风格，运用抽象的方法设计也是创新的一种有效的思维方式。

第二节　设计综合能力培养

发扬爱岗敬业的精神，树立正确的人生观、价值观。努力提高专业能力，包括论证能力、协调能力、观察能力、理解能力、创新思维能力和表达能力等。

创新是设计的灵魂，也是赢得竞争的关键。在社会环境和市场需求变幻莫测的条件下，更要敢于冲破束缚，勇于探索。以认真负责的态度，不断加强职业竞争能力，努力实现作品价值的最大化，提供符合客户需求的设计作品。

一、信息处理能力

在现代社会里，鞋的信息错综复杂、稍纵即逝，设计师需要冷静地加以分析和研究，善于及时地捕捉最新、最有价值的信息。运用一定的科学方法进行储存、处理和应用信息，使信息成为最重要的设计依据。

设计师应该学会用敏锐的观察力去捕捉生活中美好的瞬间。善于取舍和提炼信息中的精华，以增强设计作品的实用性和艺术性。因此，我们在绘画造型设计实践中，应学会用眼去观察，用心去感知，用脑去分析，进而去发现，这样才能提高自身的理解能力，从而增强设计作品的准确性、实用性和艺术性。在实际设计工作中，鞋的图案运用、颜色搭配、时尚把握等都与设计师的信息观察力有关。

设计师的灵感很重要，设计师除了应有自己的主见外，更应拓展视野，既能前瞻性地反映社会潮流，又能从流行中创出自己的风格。

1.收集流行资讯的流程

拟定目标——收集图片——组成故事——大量收集资讯——修正主题——确认补充拟定目标。设定大概的主题方向，包括对顾客区域、颜色、材料、款式的一些重点分析，并将想法或创意用文字描述的方式记录下来。收集图片时，由于对文字的感受力不同，较易造成误差，我们可以收集一些相关的图片辅助来组成故事，将手边的平面资料组成一个故事之后，想象可以利用周边的哪些事物来代表故事中的材质、颜色、图案或辅助。

收集资料，内容会随之丰富起来。这时要找一个主旨，用以贯穿整个流行预测。最好找一个位于流行曲线前端的主题，以增加整个预测的说服力。确定主题后，查看还欠缺的资料，围绕主旨，充实各大项的内部资料，采用图片、搭配色来组织材料，整理加工。

2.加入流行资讯后的设计优化流程

模糊（草稿）——清晰（概念）——提出 N 种款式方案——讨论——确立主题风格——版式协调——画稿——配色——定调——定款——确认。

在此流程中，最重要的是对主题风格的把握，为避免重复的劳动，建议设计师多接触时下商品，考察出售相关产品的店铺，对同行的跟踪调查也是非常有效的方法。在吸纳对方优点的同时，张扬自己差异化设计的风格。

二、设计表达能力

鞋类设计师同其他艺术类设计师一样需要有创新能力和丰富的想象力。对于造型艺术来讲，掌握丰富的鞋类形态资料，用画笔去记录和表现自己对鞋的独特感受和认识，是进行鞋类艺术创作的基础。大量的资料收集和速写记录能为艺术创作积累生动的创作素材，同时，一幅好的设计速写作品本身就是独立的艺术作品。

设计师的表达能力分为设计表达、语言表达和文字表达。

1.设计表达：以绘画手段来清晰、形象地表达出新的设计构思，即鞋的款式、色彩、面料在图纸上的直观造型，这是现代鞋类设计师最普遍、最直接和最重要的思维表达方式。

2.语言表达：运用简明扼要的语言表达出设计师的设想，使合作者准确理解设计的意图，便于产品在成型过程中各道工序之间的相互配合，更好地实现设计的最佳效果。

3.文字表达：通过生动、简练、富有感染力的文字来表达设计的内涵，使消费者与设计者达到共识，扩大设计的影响力和宣传效应。

三、整体协作能力

要使自己设计的作品产生良好的社会效应和经济效应，离不开畅通的社会渠道和相关网络，例如，设计的信息、材料的来源、工艺的改良、作品的宣传、市场的促销等都需要有关方面的默契协作和有机配合。协调、合作的能力已成为现代鞋类设计师成功的标志。

从市场上看，鞋样流行周期越来越短，这就要求鞋类设计师要经常外出采样并快速地制订方案，以满足设计领域及市场的需要。鞋类设计的整体协作能力是为指导鞋类新产品开发和生产服务的，最终目的是实现产品的高端性和适用性，促进制鞋企业的生产、销售，从而提高企业的效益。

为了满足顾客的需求及把握市场的商机，设计开发的目标要明确，并求迅速和机动性，避免浪费不必要的时间、人力与资源。设计师应协同相关部门对市场环境、生产经营、产品市场、品牌竞争、产品进出口、行业投资环境以及可持续发展等问题进行系统的调查分析和预测。对品牌的市场调查分析更加重要，提倡运用问卷调查等方式来获取消费者对品牌的满意度和信誉度的认知程度，聆听消费者的诉求成为设计师获取市场敏感度的最有效手段之一。通过协同调查，设计开发的目标会更加明确。

设计师应与一批相对稳定、默契配合的工艺师亲密合作，形成一个有机整体，在密切的配合中能准确地理解和把握设计师的意图，从而充分体现鞋类设计的最佳艺术水平，这是设计成功的重要因素之一。

四、心理承受能力

经济和科技的发展，使制鞋行业的竞争日趋激烈，对设计来讲，压力越来越大。竞争取胜的前提条件是要有雄厚的实力、良好的心理素质和顽强的挫折承受能力。通常先天具备良好心理素质的人是很少的，大多数人都是通过后天的培养和磨练，良好的心理承受能力是事业成功的一半。

较强的心理承受能力就是在确立社会责任感的前提下，具有敢于批判、敢于冒险、敢为人先，勇于超越自己，在创新的道路上有知难而上的精神。良好的心理承受能力具有三方面的特点，即具有强烈的社会责任感、突出的个性和开放的心态。

鞋类设计师要不断地培养自身坚强的意志和积极向上的心态，善于客观地评价自身的优势劣势，随时准备迎接挑战。

五、创新能力

时代的发展和人们审美观念的改变，使鞋、服的流行周期越来越短。高速度和快节奏是制鞋业发展的基本特征，因而具备敏捷的思维创新意识和应变能力就显得尤为重要。鞋类设计师应不断地学习和研究新问题，不断地改进和构建与市场相适应的知识结构，以适应不断加速的鞋类潮流和鞋文化的变革。

1. 创新意识：即推崇创新，追求创新，以创新为荣的观念和意识。人只有在强烈的创新意识的驱使下，才可能产生强烈的创新动机。

2. 创新思维：是一种具有创新意义的思维活动，创新思维是创新能力的核心部分。思维主要包括形象思维和逻辑思维（也称抽象思维或分析思维）。形象思维以丰富的感性形象为基础，经过思维加工，找出典型材料，形成表象，这是思维中极为重要的一步。绝大多数的创新都是先动用形象思维去猜测、想象、思索未来世界，然后再用逻辑思维去筛选、分析、论证和确定。对于设计师来说，他们的艺术思维要趋近创新思维，才能创作出艺术作品。艺术思维的逻辑过程就是从抽象到个体，以事物本质的理念为起点，经过意象组合并予以物化，最终完成艺术作品的设计创作。

3. 创新知识：创新需要深厚的文化积淀和精湛的专业知识。创新型人才应该对未来世界具有好奇心，对科学真知能不懈追求，并将文化积淀和专业知识两者有机地结合起来，使之形成一套完整的创新知识体系。知识是创新的基础条件，创新技能就是创新型人才必须具备的实践技能。

艺术的灵魂就是创新，艺术本身就蕴藏着丰富的创新因子，能促进设计师创新能力的形成和提高。在实践的过程中，只有通过观察、分析、比较、归纳、推理，才能提高对艺术的思维能力，才能将在艺术思维中建构的创意付诸实施。艺术设计实践活动对设计师创新能力的培养有着不可估量的作用。创新能力的客观要素也是很重要的，如果缺少一个良好的创新环境，人的创新热情就有可能消耗殆尽，就不可能产生创新意识，更谈不上培养创新能力。

第三节　设计艺术能力培养

鞋是一种技术和艺术相结合的生活用品，随着人们生活水平的提高，消费者越来越注重鞋的艺术品位，用审美的眼光去挑选适合自己审美心理并能够与服装搭配的鞋。消费者的需要变化反馈给鞋类设计者们，要求他们转变观念，增强鞋类设计的艺术涵养。

一、设计的特殊性

鞋类设计作为造型艺术的一个门类，有着自身的设计规律和艺术语言。它是以人脚的生理结构特征为造型对象，以物质材料为主要客服手段的艺术形式。在设计过程中借助于设计师丰富的想象力和创造性的思维活动，以其独特的构思，分别表达出一般与典型，体现出思维最广阔、最多样的可能性。与传统的造型艺术没有什么不同，设计师通过鞋的造型来抒发内在的情感和独特的审美感受。

鞋类设计就其最基本的功能来看，它既不同于文学艺术形式，也不同于绘画艺术形式，它是以人脚作为设计对象的。在设计思路中，首先应该考虑到鞋与脚之间的从属关系。我们的目的就是以研究鞋设计对于脚的适应性与审美性为重点。它在一定的环境和时间内，在特定的社会文化氛围中产生流行或过时的效果。在构成鞋的整体美感中，设计师所设计的鞋造型固然是主要因素，但当鞋造型和着装的形体、氛围相统一时，鞋设计的审美价值才可能体现出来。也就是说鞋设计的美感最终体现应该是与穿着者共同创造而完成的，因此，我们在设计的时候应该考虑的是适用的对象，仅靠鞋设计的美是不够的。通过穿着者的再造，使两者高度协调统一时，才是设计追求的最高境界。设计以强化个性特征为主要目的，设计师通过这种形式和内容的整体美感，既表达了自身的情感，又再现了时代的精神风貌。

二、设计的综合性

鞋类设计之所以能够富于创造性地任意表达人体美，不是仅有设计师的设计就能够完成的。还需要通过对脚型的测量、制板、缝制及相应的加工工艺流程的有机配合来实现，颇像电影艺术的创作过程。一双高级鞋的设计，其中面料选择的造型性、脚型测量的准确性、样板制定的科学性、工艺制作的合理性、装饰配件的协调性，都将直接影响到鞋的整体艺术效果的充分体现。设计实践表明，好的鞋类设计，其艺术的高低，很大程度上取决于设计师如何把握设计和鞋成型的各个工序的分寸感，取决于如何掌握整体造型与各工序之间的"度"。显然，鞋类设计是一门综合性艺术，需要各工序之间相互衔接和相互配合，缺一不可，鞋类设计师和制鞋工艺师之间应属于一种密切的合作关系。

知名的设计师都应培养一批相对稳定的、与之默契配合的工艺师，相互之间亲密合作，形成一个有机整体。在密切的配合中，工艺师能准确地理解和把握设计师的意图，从而充分体现鞋设计的最佳艺术水平，这是设计成功的重要因素之一。作为设计师本身而言，应该首先考虑鞋设计的艺术表现力，其次才是工艺制作。

三、设计的民族文化

时代的发展不断地给鞋类设计师提出新的要求，迫使鞋类设计师探索相应的表现手法和表现形式，以便再现时代的风貌。也就是说，时间的推移，文化艺术、科学技术的进步，人们的情感和审美观念的变化，是鞋类设计语言逐渐深化的重要因素。鞋类设计师需要有相应的设计题材，诚然，艺术设计中的题材往往会重复出现，但是不同时期的设计师都会赋予这些题材以新的元素，提出新的问题和设计理念。

民族文化具有继承性，也有演变性，这种演变性是受社会文化思潮和人们的审美意识所制约的。现代运动鞋设计的民族性，其根本要求应该是深刻地反映民族文化的精髓以及体育事业的发展，表达出人们对生活情感的表达和愿望的体现。民族文化和民族鞋类造型本身也混合着高雅和低俗、严肃和诙谐、活泼和呆板的冲突。设计师在继承和发扬民族文化的同时不可抱残守缺，要去其糟粕，取其精华，不要模仿，而应以创新塑造现实。继承民族传统文化是合乎现代生活的需要，将民族风格和时代精神有机融地为一体。用新的内容突破原有的形式，以新的激情注入新的造型，丰富和弘扬民族文化的内涵。

四、材料的设计艺术

与其他造型艺术一样，鞋的设计方案确定之后，接下来是选择相应的材料，通过一定的工艺手段加以体现，使设想物化。在选择过程中，材料成为鞋类设计的一项重要因素，用材料的肌理来体现时代风格已成时尚。材料本身就是形象。设计师在运用和处理材料时，保持敏锐的感觉，捕捉和观察材料的独有特性，以最具表现力的处理方法，将材料开发的审美特性看成是一种艺术创作。

当今的装饰、服装、环境都受到一种"回归自然"之风的影响，这样使鞋的材料更加丰富多彩，一些天然的材料受到宠爱，如棉、麻、藤蔓、棕榈、花草等被运用到鞋造型之中。以新型材料来寻找创意，从而构建作品的形式美感和独特的艺术风格。

在现代鞋类设计中，由于现代材料的运用，受"回归自然"和"怀旧"艺术思潮的影响，早期过时的材料又重新回到设计创新中，组成了新的设计元素，再次拥有了一种穿越时空的深度魅力，成为难以抑制的流行趋势。

五、设计的实用性和艺术性

从运动鞋设计的本质来讲，它是在满足人们物质需求的同时满足精神需求，鞋的多种特征常称为实用性和艺术性。鞋类设计的实用性和艺术性有双重含义，一种是狭义上的具体到某种鞋的实用性和艺术性；另一种称为整体鞋文化发展中的实用性和艺术性。设计过程中具有针对性、实用性，鞋的设计偏重的是实用功能，艺术性占其次，因此要把握好设计概念中的主次。

在整体的鞋文化发展中，鞋的实用性和艺术性是其发展过程中缺一不可的两个方面。实用性是鞋类设计中满足人们物质需求的主要目的，是鞋文化发展的基础和根本。艺术性体现在鞋设计中的主要作用是引导鞋市场的消费导向，推动流行浪潮，弘扬和传播鞋文化。鞋的实用性和艺术性在不同的国家和地区、不同的物质需求和经济基础上，其两方面的需要也会有不同程度的变化。因此，我们要根据不同的鞋文化的发展，随时调整两个方面的轻重关系。

运动鞋类产品虽然受到服装设计潮流的影响，但设计的实用性和艺术性还是具有一定的独有特征。因为造型上要受到脚部形态、活动方式和材料工艺等特定因素影响，其外观形态变化幅度较大。这一点会直观地反映到运动鞋的设计效果上，效果图表现出运动鞋的形态特点，对运动鞋形态的轮廓线、结构样式、材料质感、图案到制作工艺手法、装饰工艺饰件等所有造型组成部分都可以通过效果图来进行传达。在造型过程中，设计师应该对人体脚型的规律、脚的生理与运动机能进行全面的分析，对于帮面结构的设计原理、样板制作及运动鞋的制作工艺都要有全面的掌握和了解。

第二章　运动鞋设计学

鞋类设计是物质文明象征和精神文明象征相结合的产物，是一种被物化了的社会文化载体，是沟通人与自然、人与社会、人与环境的重要媒介。鞋作为一个国家和民族文明的象征，体现着文化、艺术、经济和科技的发展水平。

第一节　设计基础知识

一、设计的规律

运动鞋整体造型设计有其相应的艺术设计规律和明确的设计程序及内容。

1. 人体形态：鞋设计最本质的功能是对各种形态的人体进行包装，并系统地研究人体外形与足部结构的运动规律。还要研究参考服饰和鞋之间的搭配比例关系、色彩相互的衬托、造型要保持整体的协调和匹配。

运动鞋设计成不同的样式、质地、重量、系带等，这些特点使脚的各部位适应最大限度的应力。采用脚长的技术参数有利于设计出合理的鞋，满足脚生理结构的需求。

鞋类设计方案都在缓震、支撑、耐用以及最重要的合脚之间求得平衡。鞋带下方设计要有衬舌，能起到保护脚背与伸趾肌腱的作用。鞋底的功能性设计，要轻要软，耐撞击，以稳定性与避震性为首要考量。鞋类设计与服装相互协调，可点缀、衬托整体的装饰，达到美化的效果。突出被设计的装饰美、结构及生理特性是对鞋类设计师综合素质的要求。创新的设计风格，只要符合人们的视觉和时尚消费心理，市场就更加广阔。

2. 鞋楦设计：鞋楦是现代制鞋工业必不可少的重要生产工具之一，也是鞋类设计与生产的模具。鞋楦是鞋的胎具，属于一种艺术的造型。鞋楦有特定的艺术表现形式，不同造型的鞋楦具有不同的艺术特点。

鞋楦设计分三步来完成，即选楦画楦、比楦剪样、样板的整理和检验。鞋楦设计有两种方法，一种是复样设计法，一种是贴楦设计法。复样设计法是指通过复制楦面的侧面样板来进行帮结构设计的一种方法。贴楦设计法是用拷贝纸将楦面上绘制的帮部件逐一取出后再制成样板的一种设计方法。

3. 款式结构：鞋的款式构成是鞋设计的基本前提，直接影响鞋的整体造型。鞋帮是款式变化最快、结构最复杂、制作工艺最繁琐的鞋部件。鞋帮通常是用革、尼龙网布缝制，使鞋面具有透气、干爽及轻量化的效果。鞋帮是容脚空间的部件，良好的成型性能是穿着舒适和外形美观的重要条件。鞋帮由多种形状的帮部件组成，装配的主要工艺是粘衬、镶接、缝纫等。文字和部分图案通过印刷、压合与帮面完美结合形成帮面与饰件美化结构。帮面部件的结构有上件压下件、下件压上件、后件压前件和前件压后件四种。鞋帮的里层有穿着舒适、吸汗、吸湿的功能，以防止帮面棱角对脚体的割勒。

鞋结构各部件间的相互作用：中帮鞋统口的前端要高于后端，以线条圆顺为主，要盖过踝骨球。鞋舌有调节鞋帮与跗面之间的松紧关系，提供跗面良好的舒适性，防止鞋带对跗面的割勒作用。后跟衬垫是鞋帮后跟部位里面的衬垫部件，有增强稳定性等作用。鞋底外层表面一般都要具有一定花纹，与地面接触时，提供摩擦力。外底部件也可设计出满足减震、能量回归等功能的需求。

套楦鞋设计：需要同时制备鞋楦里外怀的原始板和楦底样板，并把接帮的 6 个加工位置标出来。利用控制点把里外怀和前后帮的皱褶分开，在每个局部削除自己的皱褶，使接帮顺利。套楦鞋在制取样板上，只需要多取出一件中底板，并进行补差处理。

从鞋的内腔看，会发现全套楦鞋的帮脚与软中底是密密地缝合在一起的。全套楦鞋中前尖的虚线，是前套取跷后底口补充的量，在帮脚上不用加放绷帮量。全套楦鞋背中线上的虚线是上眼盖采用调整中线法取跷留下的辅助线。底配帮的设计要把鞋帮与鞋底看成一个整体，要符合统一美的形式法则。

4. 色彩搭配：色彩是鞋设计造型的主体因素之一，色彩的搭配集中体现鞋的整体艺术设计。运动鞋设计运用颜色的搭配体现设计风格和流行趋势。运动鞋色彩设计能体现运动活泼、动感和明快的特色。运动鞋的色彩与皮鞋、胶鞋相比，具有色彩视觉感受丰富的特点。色彩设计多元化的运用，使运动鞋帮面材料更自如、更丰富。运动鞋鞋底色彩设计为3～5色，色彩的选择范围大，色彩的明度、纯度高。运动鞋装饰效果设计多以动感、时尚、色彩鲜艳为特征，朝着美观与功能相结合的方向发展。

不同的季节、不同的穿着对象，对色彩会有不同的要求，在确定运动鞋色调时，要先确定穿用对象。在配色方面，春秋两季鞋的色彩应明快、活泼一些，与春秋的服装相搭配。服装与运动鞋相配有一种整体感，在色彩设计中不要忽视服装对鞋子配色的影响。鞋子的配色要适应自然、社会、空间环境，给人一种轻松自如的自由感受。把流行色和常用色组合应用，既可延长流行色的生命，又可扩大流行色的应用范围。在色彩设计时，选用的是色彩语言，用色线、色调、色块来显示青春舞动。搭配色的数量不要太多，在1～2个色相内选择即可，过多的搭配色会造成支离破碎的感觉。搭配色与主色调的关系是对比的关系，有对比才有刺激，才会吸引人的眼球。鞋帮、鞋底、鞋身和鞋的使用环境等颜色及配色效果协调一致，是为了创造整体美。鞋帮与鞋底的协调很重要，上下协调才会达到整体协调，帮底之间有呼应，这就是好的搭配。

5. 材料搭配：鞋的面料、辅料和配件的合理搭配是体现鞋造型的主要手段。鞋材料的物理性质、化学性质和力学性质方面，均属于材料科学的领域。设计师要了解消费者的审美心理，以及对鞋的款式、色彩、材料的要求。

鞋材料表面产生的质感，会影响鞋类设计师视觉与触觉的心理感受。材料质感的表达技巧与市场调研分析，更是鞋类设计师必须拥有的能力。

鞋材质的物理常数，如比重、密度、强度、透气性等，属于物理性质范畴。"化学性质"表现在鞋材质的组成和金属物质所形成的化学性能。"力学性质"则是鞋材质的强度、拉力、延伸率或耐磨性等有关力学的性质。

天然皮革的优点在于其网样层的纤维呈立体的交络结构，使其能透气。在发泡EVA底下面再贴合一层橡胶材料，是一种质轻与耐磨的完美结合。人造革的色彩鲜艳、花纹多样，是制作各种女皮鞋的好原料，也广泛应用于运动鞋的面料。超细纤维材料质感柔和、均匀，性能接近天然皮革，是人造革类中最好的材料之一。

网布花纹清晰，色泽鲜艳，透气性好，适用于运动鞋的帮面和帮里。主料网布，用在帮面外露的地方，轻便而且具有良好的透气性、耐弯曲性。前帮以革、尼龙网布辅以反毛皮补强缝制，使鞋面具备透气干爽以及轻量化效果。网布常用的规格有K208、K209、K230等，

K后的数值越大，网眼的密度就越大。

6. 底配帮设计：底配帮设计的鞋底前掌造型比较平缓，构成一种稳定的状态，给人以安全感。利用鞋底的凸起和鞋底跟的条纹，让其活起来。削弱前掌稳定的效果，强调的是动感。高频图案中，既含有角形凸起的设计元素，也含有前掌的平缓特征与鞋底跟的曲线造型。在鞋前套的后部设计一种用碳纤维制成的网补，既轻巧结实，还有透气性能。鞋眼盖上设计高频工艺，高频的形状是配合鞋底凸起的造型加以变化，起着交错呼应的作用。用与鞋底的大波纹和软触角相似的线条勾画出前套和后套的轮廓，设计成整体部件造型。

对鞋底功能作用的要求，必然导致鞋底构造上的不同。鞋垫是形成鞋腔的主要部件，它起着连接鞋帮和中底的重要作用。鞋帮包括帮面和帮里以及饰件等，构成对脚面的保护，连接大底造型。TPU是耐磨、耐曲挠、半透明状实心材料，可用在运动鞋的鞋底和装饰部件上。鞋底的厚度、宽度、坡度根据运动项目的要求和功能分别来确定。后帮是脚部鞋帮的后面部分，构成脚跟保护。鞋底具有各种不同的花纹，既是一种装饰性图形，又能充分发挥运动鞋的止滑、耐磨、稳定性等功能。

7. 鞋垫配置：鞋垫是位于鞋腔中内底面上、与脚底接触的一种底部件，有着改善鞋腔卫生性能和穿着舒适性以及稳定性的作用。生产绷帮鞋时，中底的材料大多是纸板革，其特点是质地硬、富有弹性和较高的强度，不易变形。透气鞋垫具有良好的透气性，极好的耐变形性能和较好的防臭功效，同时具备减震及反弹功能。

8. 装饰工艺：

（1）电脑绣花和网版印制：电脑绣花是把设计精美的图案标记在鞋帮适当的位置上的一样工艺，图案由电脑扫描输入并控制多台机器同时进行电脑绣花操作。电脑绣花有一种立体的浮雕感，绣花线具有美丽的光泽和漂亮的色彩，常用于商标装饰上。网版印制是一种丝网漏印的工艺，确定设计装饰图案在鞋帮上的准确位置，提供选择的色彩样标，进行网版的制作。不同的颜色要配有不同的网版，按先后顺序印刷，可以得到色彩丰富的套印图案。

（2）热切工艺：滴塑片的造型细致，立体感强，在颜色、光泽、外形上都有着许多变化。压合加热时，内层边沿与其他的模具花纹形成图案，外层边沿则起到切割的作用，使塑料熔化后与鞋帮亲和，冷却后即能粘在鞋帮上，达到焊接的目的。

热切工艺表现出来的是凸凹花纹的变化，采用加热的办法，将装饰图案从塑料基材上切割下来，并焊接在

鞋帮上，切割与焊接两种操作同时完成。高频压花通过模具的压合作用，在压力较小、时间较短的条件下，压出清晰的花纹图案。利用高发泡材料的膨胀性来填充凸纹下面的凹槽，以保持花纹的稳定性，此花纹手感较柔和。双模高频压合时，鞋帮部件夹在阴模与阳模之间，花纹表面的凹槽要用热熔树脂来填充，这样可保持花纹的稳定性，此花纹的手感比较硬。

9. 样板制定：制作规范、标准的运动鞋样板是鞋设计成功的基础。

（1）画线板：制备画线板要先在设计图的内部按照部件轮廓线做间断性的分割。切割出外形轮廓后，在断帮位置点切割出刀口标记，这样画线板就形成了。鞋帮样板制取是以设计图中的部件图尺寸或下料图尺寸为标准。画线板起刀位置距外形轮廓线 5mm 左右，不要破坏外形轮廓线的完整性。

（2）楦面样板：量出楦面里外怀的全长和斜长，作为修正面板长度的依据，并依次取下楦底样板、里怀楦面板、外怀楦面板进行长度修正。在楦面展平时，外怀楦面板采用 J 点降 3mm 的办法处理，前尖与后跟的底口做工艺跷处理。里外怀半面板区别主要表现在长度、宽度和跷度上。分怀处理是指里怀、外怀制取各自的样板，要取两片；取最大面积处理是指按里怀、外怀总合后的最大面积制取一片样板。

（3）帮面样板、鞋里样板、补强样板、鞋舌样板：有了画线板就可以制备各种样板，在开板之前一定要计算所开样板的种类。经过修正的半面板还要经过一系列的检验校对和修正。制备画线板时割开刀口位置要包含进部件的拐弯、尖角等有特征的部位，减少取样板时的误差。后帮长度和规矩点要合理准确，必要时可将下料样板做套楦检验。

（4）纸样板检验：纸样板套样检验可把设计中的问题放大，以不伏楦的形式表现出来。

A. 套样检验鞋口要能抱楦，后跟上口不出现裂口，跗面根据鞋帮结构的不同应达到伏楦程度。

B. 套样检验绷帮量及里外怀区别是否合适，后帮长度是否合理，里腰是否容易伏楦。

C. 取跷不准套样就不会伏楦，表现在鞋口、跗面上有皱褶和裂口，不抱楦或不能伏楦。取跷准确而制取样板不准确、取规矩点不准或镶接不准，都会造成不贴楦。制取的样板如果套样不贴楦，制成鞋帮后伏楦效果会更差，将会给生产造成隐患。

D. 将套样套在原鞋楦上，鞋口应完全贴在楦面上，不能有单侧或双侧的松弛现象。后跟上口应贴在楦面上，

不能有裂口、撕口现象。

E. 在后帮中缝上要粘贴保险皮。检查绷帮量大小和里外怀区别是否合适。在里外怀区别合适的条件下，帮样底口距楦底楞的轮廓比较均匀。在鞋口抱楦条件下观察后跟部位，里外怀后帮中缝应当对齐，误差不超过 ±1mm，重叠量过大、后帮偏长、裂缝过大、后帮偏短，都要进行修正。

10. 工艺流程：科学的工艺流程体现鞋设计的经济价值和市场效应。

（1）缝制工艺是指利用缝合线将鞋帮与鞋底牢固缝合到一起，从而完成帮底结合的生产过程。

（2）注压工艺是借助于注压机，将鞋底材料熔融并注入到模具内与帮脚结合，冷却定型后完成帮底结合的生产过程。

（3）冷粘工艺是在常温环境下进行帮面与鞋底的黏合。

（4）硫化工艺是生橡胶底与帮脚黏合后，经过硫化罐硫化而完成帮底结合的生产过程。

（5）胶粘工艺是用黏合剂将鞋帮与外底牢固黏合到一起，从而完成帮底结合的生产过程。

（6）热粘工艺是指在高温的硫化罐中完成鞋帮与鞋底黏合。

（7）模压工艺是指借助于模压机，使生橡胶底硫化的同时与帮脚牢固结合，从而完成帮底结合的生产过程。模压工艺鞋即通过模压机的模具使鞋底成型，同时与帮面相结合。

（8）大底与中底生产工艺常用注射法、硫化法、模压法、裁断整型法。

11. 整型定型：鞋的整型定型是鞋设计的最后工序，也是鞋造型的最终效果的体现。

二、设计的社会意识

从鞋设计的社会意识和社会功能的角度来讲，大致包括下列 10 项内容：

1. 地域性：热带、寒带、亚热带，不同的自然气候和自然环境决定鞋的造型艺术与造型结构特征。

2. 季节性：四季气温的差异以及温差之间的明显的划分，鞋的变化较大；反之，鞋的变化则不大。

3. 社会制度：社会制度的不同直接影响鞋的设计思维以及消费观念、审美观念的转变。

4. 意识形态：社会物质的存在决定着人们的意识形态，而人们的意识形态常常左右鞋与服装的主体审美倾向。

5. 传统观念：传统观念制约着鞋的发展和鞋与服装

之间的审美观念。

6. 民族风尚：鞋和服装的造型风格特色直接受到民族风尚的制约。

7. 宗教信仰：是影响鞋和服饰的重要因素之一，并左右特定时期的鞋、服装的风貌。

8. 生活方式：不同的生活方式有着不同的自我价值观的取向。

9. 穿着环境：鞋是在服饰的衬托下、在特定环境内的可视现象，环境改变，鞋也随之改变。同时，鞋与环境之间应是一个相互衬托、相互依存的有机整体。

10. 功能意识：运动鞋透气性很重要，让脚呼吸透气，鞋垫设计要有弹性、可吸汗。设计方案要适应运动项目的动作技巧，达到跳、走、停、跑的舒适度。不同材料的组合应用，使鞋款创新组合设计具有不同的风格。把众多的空间元素组合起来，应用到设计的产品上，通过产品的造型特征，来增强装饰、美化的视觉效果。

三、设计的审美特性

从鞋的审美特性和自我意识的角度来理解，所需要的内容及其条件如下所述：

1. 职业特点：不同职业的消费者对其消费的要求和审美各不相同。在职业鞋类中充分地显示出不同职业的人们对鞋的造型、结构、工艺及审美的需求也不尽相同。

2. 性格特点：由于性格的差异，在穿鞋的时候表现的倾向性更为明显，性格的特征与年龄也相关，不同年龄阶段会呈现不同的性格特征，对造型艺术要求、色彩要求、工艺要求、结构款式的变化等都不尽相同，不同年龄层次、职业环境、经济收入、社会地位等的人们对鞋类产品的需求都会产生一些客观的影响。

3. 艺术素养：良好的艺术素养是体会鞋的构成形成美感的前提条件。

4. 生活状态：由于生活经历和状态不同，对鞋的理解和认识也不尽相同。

5. 审美情趣：审美情趣多种多样，导致了鞋造型的丰富多彩。

6. 偏爱嗜好：人们对于鞋的各种偏爱嗜好，使鞋产生了多种艺术风格。

四、设计的管理

设计开发程序是一项系统的、综合交叉的工程，是调研、设计、生产、销售等部门密切配合和沟通的过程。要使之能够顺利实现，必须通过采用强有力的管理模式，组织具体的产品设计开发及设计资源的协调工作。

为了提高设计队伍的合作效率，实现完整设计方案的整合，使设计开发品牌化，需要一个或多个能够把握国际流行趋势的首席设计师或设计总监。他们能够根据市场变化，结合企业的生产技术水平和能力，对各设计师设计的产品进行调理和整合，将完整的设计概念或风格注入产品，使产品成为符合消费者特定生活方式的完整系列。

在设计开发新款式以突出其风格特征时，要有成本控制意识，才能使设计的新产品给企业带来巨大的经济效益。一旦这些产品为消费者所认可，产品的品牌便根植于广阔的市场土壤之中。由此，设计开发的品牌化便得以实现，这样的设计开发管理就是成功的。

第二节　设计基本类型

一、效果图设计

运动鞋设计效果图是通过设计人员运用线条、色彩、明暗等绘画的手段，真实、形象地展示运动鞋产品的形态、色彩、质感、结构等方面的绘画设计图稿。效果图的设计要具有很强的真实性和表达设计意图的具体方案的整体设计概念。

效果图主要采用的是用单线勾画出立体图、部件图、工艺装配图。在传统的设计概念中，结构图、实物图都是采用单线的形式来表达的，这样很难达到设计的理想效果。随着计算机的发展，各种设计软件的开发应用，使得设计效果图越来越具有写实性，并用色彩对产品的各部件进行装饰，通过色彩来满足视觉效果。这种表达方式可以直观地体现产品的构思，提供真实的立体观察效果，有助于在产品开发过程中提供技术、管理的参考和客观科学的论证依据。

运动鞋的效果表达与服装的效果表达不同。服装设计的效果图一般采用夸张的手法，这与服装造型上的可塑性和服装表演的特定环境气氛有关。运动鞋类产品虽然受到服装设计潮流的影响，但具有独有的特征，因为造型上要受到脚部形态、活动方式和机能材料工艺等特定因素的影响，其外观形态变化幅度较大，这点会直观地反映到运动鞋效果图的设计上。

通过效果图的设计，运动鞋形态的轮廓线、结构样式、材料质感、图案、线条、制作工艺手法、装饰工艺饰件等所有造型组成部分都可用色彩的视觉效果来进行表达。在进行效果图设计的过程中，应有一定的文字说明，以使设计方案更加容易使相关人员理解。（图2-1～图2-3）

设计灵感：
豹皮颜色鲜艳，图案独特，美观而高贵。豹身材矫健，线条优美，性猛力强，动作敏捷，是速度和力量的象征。采用豹皮斑点色彩纹理于帮面，突显出王者敏捷、勇往直前的个性。

图 2—1

龙啸

内测图 采用内外不对称式设计 ●

● 俯视图 前头印刷装饰由商标演变而来

底视图 钉子的排列采用建筑学的支点稳定学

● 鞋底钉子的排列不只运用了建筑学的支点稳定学，还充分地考虑到了在运动时，钉子着地瞬间受力，反射到脚底的颈椎、胸椎、腰椎等几个反射区。

● 鞋底后跟处的TPU包囊式设计，有效地减小了运球时受伤的几率。

● 帮面材料为镜面PU，可提供出色的质感，有着尊贵王者气势，让你成为赛场上的主宰。

颈椎反射区　胸椎反射区　腰椎反射区　脚后跟

灵感来源

图 2—2

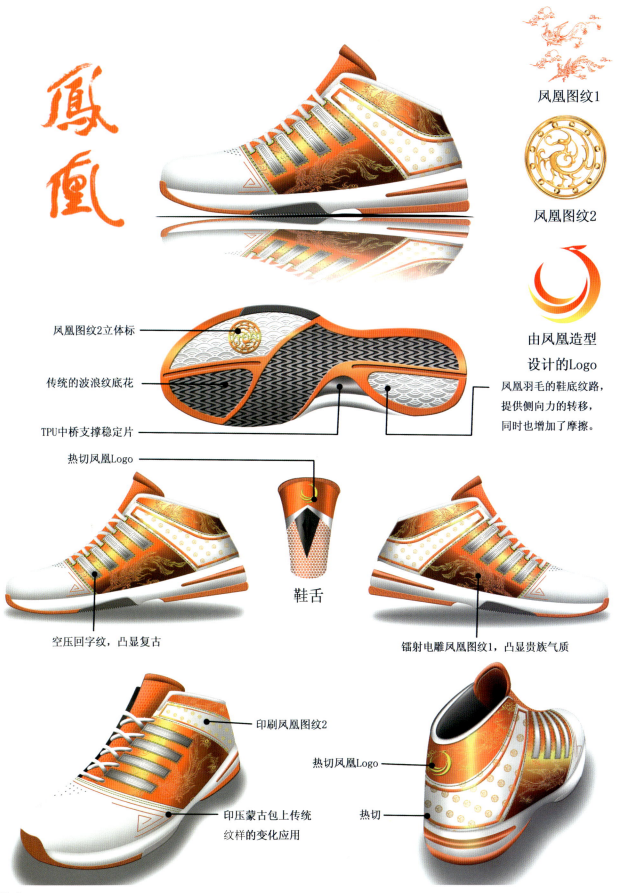

凤凰

凤凰图纹1

凤凰图纹2

由凤凰造型
设计的Logo

凤凰图纹2立体标

传统的波浪纹底花

TPU中桥支撑稳定片

热切凤凰Logo

鞋舌

凤凰羽毛的鞋底纹路，
提供侧向力的转移，
同时也增加了摩擦。

空压回字纹，凸显复古

镭射电雕凤凰图纹1，凸显贵族气质

印刷凤凰图纹2

印压蒙古包上传统
纹样的变化应用

热切凤凰Logo

热切

图 2-3

二、造型设计

造型设计是设计学科的一个组成部分，它着眼于物品的创造，这种创造既有具有使用价值的物质功能，又有让人产生美感的精神功能，也就是说它具有物质与精神双重功能，这就是造型设计的特征。人们在造型设计的长期实践中，逐渐确立了它的基本原则：实用、经济、美观。

对于鞋类的造型设计而言，它不但要具有实用、经济、美观的原则，还要紧跟人们的生活需求，要具有强烈的时代感。

鞋的造型设计是以人脚的生理结构为基本依据的，正确地理解和认识鞋与脚之间的关系，对于鞋类设计师来说是非常重要的。学习鞋的造型设计首先要从认识脚的生理结构开始，在对脚的生理结构有基本的认识之后，就会对鞋的造型设计产生理性的认识。从感性认识到理性认识，把握了设计的基本条件后，对造型意识的概念就会更加清晰，从而形成生动的设计语言和全新的设计风格。

造型设计创新意识的确立和应用，对设计师自身的素质具有一定的要求，因此要不断地加强对造型设计形态的认识、理解、学习和应用。优秀的设计师都应对鞋的形态认识具有深刻的理解。首先了解消费者的形态认识观念的转变程度，不同的群体和环境中的人对造型的理解、认识会存在差异，这需要设计师进行分析和把握。造型意识形态的发展与社会的发展相互紧密地联系在一起，这主要是针对社会的进步，以及人们对环境的改变和生活环境中所发生的变化而形成的认识和观念。所以，我们在学习设计的同时要把社会的发展、变化紧密地结合到设计领域中，这就是所谓设计的潜力市场。

比例设计法：

1. 比例设计法是由六点设计法引申出来的。在应用六点设计法时，会发现找鞋口长度点与鞋口最高点都是为了确定脚山位置，找两次点来确定一个位置显然在时间上不经济。

2. 在制取样板时，必须添加工艺量和进行修板，由于操作比较复杂，于是就形成了利用六点设计法的结果来进行设计的比例设计法。

3. 可以把在楦面上找设计点转化为在平面样板上找设计点，为平面的设计打下基础。平面设计可以简化设计的过程，提高设计的效率。

4. 有些工艺上的加工量数据，比例设计法在鞋楦上

是无法加放的，这就造成了经验设计的局限性，但是在平面的设计中，加放工艺加工量却是一件很平常的事。（图2-4～图2-5）

图2-4

图2-5

三、结构设计

运动鞋的结构设计是比较复杂的，由于选用材料的不同，要考虑到材料的功能适用性，满足在运动时能及时地排放鞋内的温度，提高散热性。鞋材料的重量不宜过重，以防止运动中增加过多的负担。

对运动鞋的认识主要是从鞋的结构和鞋的造型上来进行区分的。运动鞋的结构相对复杂，设计的帮样结构必须是流线型，以符合人们的视觉需要和现代人的审美观念。

鞋前帮的结构和中帮的结构以及后帮的结构工艺相对复杂，在装饰结构中通常使用的滴塑、高频、印花、模压、绣花等装饰件，结构设计强化突出运动鞋的特点，使整个帮面的结构造型符合人们的视觉要求。（图2-6～图2-9）

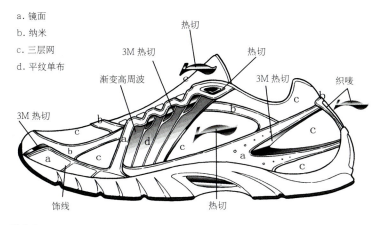

a. 镜面
b. 纳米
c. 三层网
d. 平纹单布

热切
3M 热切
渐变高周波
热切
3M 热切
织唛
3M 热切
饰线
热切
热切

图 2-6

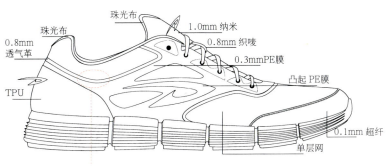

珠光布
珠光布
0.8mm 透气革
TPU
1.0mm 纳米
0.8mm 织唛
0.3mmPE膜
凸起 PE 膜
0.1mm 超纤
单层网
透气革 单层网 PE膜

图 2-7

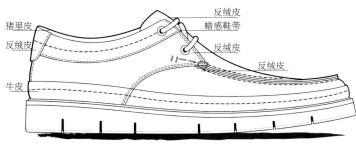

反绒皮
蜡感鞋带
猪里皮
反绒皮
反绒皮
反绒皮
牛皮

图 2-8

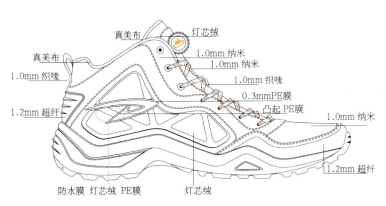

真美布
灯芯绒
真美布
1.0mm 纳米
1.0mm 纳米
1.0mm 织唛
1.0mm 织唛
0.3mmPE膜
1.2mm 超纤
凸起 PE膜
1.0mm 纳米
1.2mm 超纤
防水膜 灯芯绒 PE膜
灯芯绒

图 2-9

（一）转换取跷

1. 所谓转换取跷，指的是将前后帮背中线转换成一条直线时所进行跷度处理的过程。在转换取跷时，所处理的跷度角为转换取跷角。

2. 一般具有前开口式结构的运动鞋用不上转换取跷处理，但在设计休闲类运动鞋时，往往会遇到整帮结构，这种鞋的跷度处理不会像前开口式鞋那样简单，必须采用转换取跷法处理。

3. 转换取跷是一个人为加入的取跷角，没有这个取跷角，背中线无法转换成一条直线，达不到设计的要求。

4. 转换取跷的作用就是用来设计整前帮、整舌盖和需要前后帮背中线转换成一条直线等款式的鞋类。

（二）对位取跷

1. 对位取跷是指在标定自然跷相对的位置上进行跷度处理的过程。

2. 在对位取跷时，所处理的跷度角为对位取跷角。

3. 由于运动鞋的结构属于前开口结构，而且开口位置靠前，这样就可以把自然跷直接处理在贴楦半面板上，省去定位、对位取跷的麻烦。

4. 对位取跷的处理是将贴楦纸展平、压平、擀平，使跷在不知不觉中被分散。

5. 可以看到跷在贴楦板展平时所起的作用，重视了跷的存在，模板的还原效果就会好。忽视了跷的存在，招来的是无休止的修板和麻烦。

（三）部件的工艺跷

1. 工艺跷是解决部件局部伏楦时所处理的跷度角。在运动鞋设计中，集中表现在鞋眼盖、前套和后套等部件上。

2. 楦面展平时，前尖和后跟底口出现的剪口就是工艺跷。由于靠近前套和后套部件，一般是在这两种样板上处理。

3. 当鞋眼盖两侧部位的高度超过背中线的位置时，必须做工艺跷处理，否则无法开料。

4. 鞋眼盖部件取跷的方法主要有以下四种：

（1）断帮法：就是将鞋眼盖的里怀一侧

断开，断开线的位置要适当。

（2）旋转法：是通过旋转鞋眼盖的后半部分，借以达到划料的要求。

（3）中线调整法：由于旋转的结果不太理想，容易使鞋开口位置受力不均而产生变形，所以采用中线调整法来进行折中变化。

（4）补差法：是指帮面样板按最大面积处理后，把里外怀底口多出的面积，在楦底板相应的部位上除去，多退少补，利用补差的办法找平衡。由于面板要加放材料的预留厚度，帮脚的长度会大于楦底棱线的长度，接帮时有皱褶存在。前帮的皱褶是为了容纳楦头的厚度，后跟的皱褶是为了容纳后跟突出的肉体。制备折中样板后，里外怀面板和帮脚是等长的，但楦底棱线的外怀一般比里怀长。

（四）全套楦鞋与半套楦鞋

1. 全套楦鞋结构：采用 6 个控制点同时标出，可以把多出的量分摊到前掌和中腰部位，省去修正的麻烦。设计全套楦鞋时只有鞋里与中底缝合，可在中底板的前尖部位收进 2mm 左右，利用中底的亏损量来拉平帮面。在楦底板上，在里怀前掌和外怀腰窝边沿去掉面板上多出的量，把接帮的标记点刻出来。底帮套楦鞋在帮脚与中底缝合时，材料的厚度比较薄，处理中底板时要在前尖位置去掉 2mm，然后再将中底板进行分割。断帮形式的整片结构鞋里，从里怀一侧补充一块眼盖部位的补料片，就可以解决开料的问题。

鞋身样板制取时底口要保留 15mm 的量，在结构图中刻出加工标记并注明热切工艺。制取鞋里样板时要把里、外怀同时取出，注意在鞋里样板的里怀一侧，把眼盖位置断开。鞋里样板的翻口里部件底口要加放 8mm 修整量，用来弥补领口泡棉厚度所需要的加工量。鞋舌样板有穿鞋带的拱起，织带在鞋舌上面，拱起量在 4mm 左右，控制加工标记长 16mm。前、后港宝的底边沿与划线板的底边沿相同，其中后港宝采用开叉的形式，便于缝合加工。

2. 半套楦鞋结构：半套楦鞋在全套楦鞋的基础上，绘制设计图时，前尖要留出大约 120mm 的绷帮量。将半面板的里外怀进行比

较，长度上取折中量，宽度上取最大面积。画出外怀一侧的帮面板，标出接帮点，再将外怀中底板的接帮点与面板的接帮点对齐。外怀一侧接帮点之后的两条线不要重叠，尽量靠齐，然后描出中底后跟的轮廓线。

描画中腰段轮廓，由于中底板与面板之间有空隙，要采用旋转法来处理。中底板与面板相切后，描出中底前身的轮廓线，要核准中底的接帮线，误差不要太大。里怀样板中腰位置的间距大，不容易结合，要先对齐接帮点画出后跟部位轮廓，再经过旋转中底板画出中腰轮廓。

四、鞋底设计

鞋底设计的规律要符合运动时脚在接触地面时保护脚的生理功能，减轻身体对脚所造成的压力，保持身体平衡，起到缓冲的作用，并对运动时身体的内脏起到缓冲、抗震的作用。鞋底的设计分为外底设计（即大底）、中底设计、内底设计、半内底设计及功能型部位的部件设计。鞋底的设计要求要表现出运动的力量感和速度感，要求同运动环境中的服饰与场所融为一个有机的整体。运动鞋底的设计需要简洁流畅的线条来加以表现，只有生动、活泼的动态才能体现鞋底的艺术价值。（图 2-10 ~ 图 2-13）

图 2-10

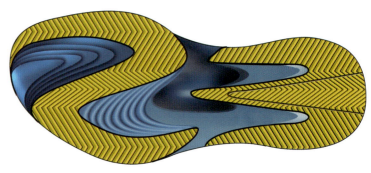

图 2-11

图 2-12

图 2-13

五、鞋楦设计

鞋楦是特殊的曲面，在鞋类产品的外观设计、使用寿命周期的设计、工艺技术、造型艺术、生产流程的设计等方面，都要依据鞋楦这个特殊的自由曲面来思考，围绕鞋楦进行合理的设计程序，并遵循脚的生理规律形成鞋类设计的概念轮廓。

人脚的宽度是指的第一跖趾与第五跖趾两部位之间的宽度，楦的宽度须以脚的基本宽度为设计依据，鞋的宽度须符合脚的基本生理造型特征，这就形成脚、楦、鞋三者之间宽度的密切关系。

鞋楦长度数据的控制是鞋类产品设计的基本手段，造型的特征是通过长度的关系来具体确定的。运动鞋鞋楦的设计，如果不通过跷度的关系来处理与生理机能的结合，那么脚的前端绝对会感觉到不协调，同时也将影响足弓的受力程度。如果鞋楦的设计不合适，易造成帮面结构的皱褶和生理肌肉与鞋面的摩擦，当使用频率加快

时，就会影响鞋在使用过程中的外观美和鞋的使用寿命。

贴楦设计法与其特点：

1.贴楦设计法是用拷贝纸将楦面上绘制的帮部件逐一取出后再制成样板的一种设计方法。

2.贴楦设计法与粘线设计法相比较，又前进了一大步，除了保留取样准确的优点外，还克服了粘线带来的重复和烦琐的操作，设计效率有所提高。

3.贴楦展开时揭下贴楦纸，然后贴平在卡纸上，事先要在前尖的底口和后跟的底口分别打 2 ~ 3 个剪刀口，剪刀口与底口垂直，打在贴楦板的凸起位置。

4.楦面展平以后，底口会变长，要修正前尖底口和后跟底口的长度，与原长度相等。

5.最后再将贴在卡纸上的贴楦板刻下来，得到一个原始样板。以后的设计就以原始样板为基础进行。

第三节　运动鞋的设计概念

运动鞋是穿在人脚上，保护人脚的生理机能，使人在运动过程中不受伤的保护性物品。在现实生活中，人们对鞋的认识、理解成为评价物质生活、精神生活和审美观的一种标志。它不但能够保护脚，还能够美化生活，成为一种时尚生活的标志。同时也是人体造型、艺术审美不可分割的部分，更是一定空间或环境活动中人体造型艺术形象的展示。

任何一类鞋都应有相应的空间和环境，鞋是衬托人体造型艺术的载体，与环境相互协调，相互融合统一，共同创造一种和谐的美感。

一、设计思维与协调

运动鞋设计是运用一定的思维定式、美学原则及规律和设计程序，将其设计构思用绘画的手段表现出来，并选择适当的材料，通过相应的裁剪方法和缝制工艺，是使其设想进一步转化成实物的过程。与其他造型艺术设计相比，鞋类设计的特殊性在于它以各

种不同人脚的生理结构特征作为造型对象，人体的造型艺术特征和内在心理作用制约鞋类设计的结构艺术。不同的造型、结构需用不同的材料及色彩加以体现，形成不同的造型，并由不同的部件和不同的缝制工艺来完成。制鞋工艺影响鞋的造型特征，鞋的造型、材料、色彩、裁剪和缝制工艺等各个环节之间是一种相互制约、相互衔接的关系。

鞋类的造型在不同的时期都会产生一种流行风格或时尚潮流。这种流行趋势的变化与服饰文化之间的搭配有着密切的关系，也与人们的生活空间、环境的变化有直接的关系。流行风格可能风行几十年或是很短暂。流行周期跟一个区域的信息传递和开放程度有关。发达地区，信息传递较快，流行周期短；发展缓慢的地区，信息传递慢，则流行周期长。

鞋类设计通过制作成品鞋来体现人在着装后所形成的一种精神状态。所以，鞋类设计不仅是对材料和色彩的设计，更是对人的整体着装以及仪表造型艺术的协调。对于不同国家、不同身份、不同年龄、不同性格的人，在鞋和服饰的搭配、整体造型和局部造型结构的处理上会有侧重和实质的区分。从人体造型艺术设计的角度设计鞋与服饰搭配之间的搭配关系，从鞋与服饰的材料、色彩之间协调相互关系。

二、造型设计三要素

运动鞋的设计要体现出动感的效果，因此在设计的过程中应该考虑到鞋的使用环境和造型，以及在色彩与环境的协调上形成相辅相成的整体关系，运动鞋设计在造型上要有三要素，即款式（结构）、色彩、材料（面料）。款式（结构）的设计起到主体骨架的作用，是运动鞋造型的基础；色彩是鞋造型艺术的视觉效果、整体气氛和审美感受的重要因素；材料（面料）是体现款式的基本素材，无论设计的款式结构复杂或简单，都要用一定的材料进行体现，不同的款式会选用不同的材料进行搭配。造型设计的三要素在运动鞋的设计和成型的过程中，是一种既相互制约，又相互依存的关系。不同类型的鞋类设计，对三要素的把握程度和造型尺度有所侧重。

三、设计类别与层次

运动鞋设计分为两大类：休闲运动鞋和专业运动鞋。运动鞋也称实用性鞋，运动鞋设计是以市场消费结构中出售给适合某一社会层次的消费群体或专门为某一机构、团体设计的鞋。生活用品鞋的设计常常针对某一阶层的一批人，需要从性别、年龄、职业、地区、文化、经济等方面入手，划分出不同的消费结构。

在此基础上深入进行市场调研，详细了解消费者的审美心理、适用环境，以及对鞋的款式、色彩、材料的实际要求。从消费者的多重要求中找出相对统一的、带有共性的要素作为设计的依据和素材。不单要追求造型艺术，同时要结合生理结构的合理性。在消费者的体型特征上，根据国家统一的标准号型或区域的标准号型，选择相应的体型规格。设计过程中，必须考虑到实施的工艺流程以及规范化和可操作性，以求在批量生产中降低生产成本，节省人力物力，提高经济效益。

专业运动鞋的设计不同于生活用品鞋，主要区别在于生活用品鞋针对的是大众阶层的群体。而专业运动鞋的设计对象是某些特定职业和群体的人，由于对象不同，其设计方法和要求也不尽相同。设计专业运动鞋之前需要对设计对象的各方面情况和影响鞋造型的因素做较全面的了解和分析，诸如家庭环境、社会阅历、文化修养、社会地位、艺术素质、审美情趣、性格特征、兴趣爱好、职业特点、体型特征、经济收入等，以便满足设计对象个性消费的需求。随着社会的发展，时代特征的变化，消费的层次也在发生变化，由流行时尚演变为个性消费的趋势已经开始风行。当专业运动鞋的设计市场蒸蒸日上时，为了满足市场的需求，设计师在素质培养过程中，应该在学习的过程中深入地研究影响造型、风格变化的因素，根据特定的变化因素进行分析和研究来考虑款式的结构、色彩的搭配、面料的选用和配件的选择等，力求在造型风格上显示特定职业和群体的人的内在气质和仪表风度。

在具体的鞋成型过程中，要善于通过具有创意的工艺处理手段来强化设计中的实际应用与艺术效果。将运动鞋造型的各种因素有序、科学地结合起来，才能充分地体现设计的完善性。从这个意义上讲，在专业运动鞋的设计中，设计师较为自由地展示了个性设计的思维空间。当然产品设计成功与否取决于设计师自身的艺术修养、艺术创作设计的经验，以及能否巧妙地利用和把握各种造型要素，使之相互协调和组合形成完美的设计。

第三章　运动鞋色彩设计

色彩的设计是由人的视觉思维理性的认知与感性的表达相融合而产生的，设计色彩注重意念思维与实际操作的相互渗透。深入地研究这门学科并成功地应用于生产，提高新产品的开发能力。色彩的设计在鞋类设计中有助于提高鞋类产品的创新能力，提高新产品在市场的竞争能力，引导时尚消费主流。在色彩设计过程中要不断地探索和总结消费心理与色彩心理学，从而在现代运动鞋的设计和产品开发中更好地运用色彩设计。

第一节　流行色的运用

运动鞋的色彩设计要将运动的特征和时尚色彩流行趋势相结合，针对不同的运动特性和环境进行色彩设计。在特定的运动项目中所产生的视觉及所需的色彩有助于减轻运动过程中的疲劳度。

一、流行色的预测

国际流行色协会每年所发布的流行色方案，是采用直觉法预测来制定的，而不是根据统计、分析资料来制定的。西欧国家的一些色彩专家是直觉预测的主要代表。西欧色彩专家在决定未来的流行色时，对西欧市场有丰富的感受，所以很有自信，经常以个人的创造来取代对消费者需求的研究。流行色会议上，西欧专家凭直觉设计的色彩构图显得很有吸引力。

实践证明，凭直觉和质感的预测，常常与市场趋势相吻合，而且能够获得出人意料的效果。一些专家在制定本国流行色时，主要依据从过去到现在的发展趋势，探索因果关系，认为找到规律就能预测未来。一般情况下都比较注重调查消费者的反应，力图通过设计、分析把握未来的趋势。而在中国的预测过程中，是将二者相结合来制定我国的流行色，提倡用直觉预测只有在特定的情况下，必须具备主观、客观的条件和特定的思维方式，才能充分地发挥作用。

二、流行色的影响

流行色对运动鞋色彩所产生的影响主要是人们的服饰对生活所产生的影响。受到生活环境的约束所形成的特定环境，而用色彩来填补环境的单调以及对时尚的追求。由于其他工业的发展，对环境的色感也产生了推动作用，随时间推移，人们对色感的认识也有一定的区分。这主要来源于流行色的影响，鞋类产品属于服饰产品的配套工程，服饰的色彩变幻对鞋类产品的流行色有主导作用，鞋和服饰的色彩之间协调搭配，需要对每年的服饰主流色彩进行把握，创造鞋类流行趋势。运动鞋的色彩设计既要符合服饰主流色彩的搭配，且还要符合运动规律的特点。对运动项目的环境进行客观的把握和分析，建立色彩配对，对运动鞋的流行色进行研究，以提高产品的创新能力和在市场中引导消费走向。每年定期举办运动鞋类产品流行色展示会，配合时装表演，把流行色的研究和市场有机结合起来，对我国的运动鞋产品的开发和鞋类工业创造发展起到一定的推动作用。

三、流行色的认识

所谓的流行色是一种时尚和趋势。今年的流行色比去年的更洁净、更亮丽，还是更柔和、更浑厚等。鞋类产品不是每款产品都适合采用流行色，要考虑到产品的服务对象，越是高档的产品对流行色的采用越少。比较大众化的、符合某些年龄特征的产品可以大量地采用流行色，但在使用过程中并不一定要大面积地应用，流行色经常起到画龙点睛的作用。流行色的推广模式：专家（流行色发布机构）——厂商——零售商——消费者。流行色专家并不等于艺术家，也并不需要创造，只不过是将要成为流行色的预测发布，其源在于消费者。在他们调研过程中，主要针对上一季采用最多的色彩，找出哪些是最新的且有上升趋势的颜色，分析消费者的心理，努力地窥探出消费者的内心，猜测下一季消费者会喜欢什么颜色等。

流行色在日常生活中经常见到，司空见惯，唾手可得。流行色也很神奇，它会使生活更加丰富多彩。流行色正是凭借着既平常又神奇的特性，演绎着生活中美妙的旋律。流行色是演绎现代文明的象征，现代社会物质、文化生活水平的高速发展，促使人们追求舒适化、个性化的生活方式。

四、流行色的应用

流行色从以往的靠少数几个"流行色"一统天下的低级阶段逃逸出来，进入总体趋势下的百花齐放的繁华时期。设计师认识和理解每个时期流行色的灵感启示源自于群体性流行趋势的特征，在诸多流行色彩中选择符合自身个性的色彩加以巧妙地应用，以达到修饰和提高文化品位的目的。

流行色的时尚与个性是它直接反映时尚变更的一个因素，它的存在很微妙地体现了时尚的细节性转变，同时，流行色的变化也具有心理特征的时尚形象。流行色与普通色彩不同，因为它是时尚的产物，不可避免地融入了时尚情节，每一季发布的流行色正是本季时尚的任务。如果把时尚比作一个有血有肉的人的话，那么流行色正是代表了时尚个性和他此时此刻的心情。

流行色对运动鞋的设计和产品开发提供了重要的设计理念、创作思维和灵感。设计创作要把握时尚概念，结合消费者的心理有针对性地开发，这样才会吸引消费者对时代产物的关注。设计是一个思维集中体现的概念。时尚，是产品投放市场的敲门砖；流行，是一种人们环境心理作用下追求时尚所得的产物；色彩，是美化环境、装饰形象不可或缺的行为心理感情认识。要把时尚、流行、色彩这三个概念加以组合，形成一种新的理念。

在设计运动鞋时，结合服装时尚发展的流行趋势来考虑人们追求的感性认识，把色彩搭配当作生活的装饰产物进行艺术性加工，通过艺术手段加工形成的产品更具有市场效益。运动鞋的设计要强调艺术化，具有一定的艺术、文化特征就更容易走进消费者的生活。

第二节 色彩设计表达

运动鞋的色彩设计表达，体现了色彩与时尚的生活概念，还是科技与文明的象征，使造型体现出一种艺术审美的魅力。

一、色彩三要素

色彩的三要素称之为色彩三属性，即色相、明度和纯度。在设计运动鞋的过程中离不开对色彩三要素的认识和理解，它构成了色彩应用整个知识体系的基础条件。缺乏对色彩三要素的认识和研究而构筑的设计色彩的知识体系，就如同失去了控制枢纽，导致在学习的过程中

不能更好地把握与运用色彩。

1. 色相：色相亦称色种，指一种色彩区别于另一种色彩的相貌，实质上是指不同的颜色。我们在设计产品的色彩应用过程中，如果某个产品的色彩丰富，也就是指这个产品色相运用得多。在我们的生活空间中，色彩是异彩纷呈的，虽然看上去千变万化，其实它们都是由七个标准色相演变而来，即红、橙、黄、绿、青、蓝、紫。在色相中实际包含了明度和纯度，因此，认识色相是认识色彩的基础。

2. 明度：色彩明度是指色彩的明暗程度，不同色彩（色相）明暗不同。在生活中的色彩感觉中，黄色的明度最高，是最高色彩；紫色明度最低，是最低色彩。用数字辨识各主要色相的明度分别为：红色为4，绿色为5，蓝色为4，蓝紫色为3，紫红色为5，橙色为6，黄绿色为7，黄色为8。色彩明度在色彩设计运用中发挥重要的作用。同为红色，亮红色与暗红色就适宜不同的职业、年龄、环境等条件下的人使用，明色调和暗色调同样能给人以不同的感受。

3. 纯度：纯度亦称为彩度、色彩的饱和度，指色彩的鲜浊程度。在调色板上，那些直接挤出而未加混合的颜色，纯度都较高。绿色、紫色等其他色纯度略低，纯度最高为红色、橙色、蓝色和黄色。实际应用中，鲜蓝色、鲜橙色、鲜绿色也都同样给人以纯度很高的视觉感受。在我们的生活和大自然中所见到的大多数颜色都是含有一定"灰度"的色彩。有了纯度的变化，才使我们感到世界是如此的色彩斑斓，千变万化。

色彩纯度的变化，影响色彩感情上的细腻表达，纯度高低不同的蓝色给人以不同的心理感受，色彩感受力的强弱与色彩设计运用水平有关，不同程度地体现在其对色彩纯度的控制上。

二、无彩色和特殊色

1. 无彩色——黑、白、灰：在设计色彩体系中，除红、黄、蓝、绿等颜色组成的色彩系外，还有与之相对同样也很重要的无彩色系，即黑、白和不同明度的灰色。通常情况下，有色彩倾向的是有彩色灰色（浊色），而不是黑、白、灰中的中性灰色或称无彩色灰色。黑、白、灰从光学和物理学角度来讲不能称之为色彩。因为在可视光谱中没有黑、白、灰，从视觉艺术和色彩设计角度看，黑、白、灰的确具有非常重要的色彩属性和使用价值。黑、白、灰没有冷暖的感觉，也不存在纯度变化，但无彩色的黑、白、灰在色彩设计运用中却有着无可替代的作用和价值，蕴含着极大的感性力量和商业使用价值，是非

常具有魅力的流行色。

黑、白两色在色彩设计中具有很强的协调性，不仅可以使色彩产生跳跃，还能使色彩变得稳定、和谐。另外，黑、白两色特别适宜和高纯度色组合，如黄色、橙色、天蓝色等。黑、白两色组合可以获得一种鲜明、清晰、强烈的色彩视觉效果。

灰色称为中色，具有多个明度层次变化，与黑、白具有鲜明而不同的个性，灰色与其他颜色配合很容易获得一种协调。明度较暗的灰色和明度较深的有彩色搭配，效果含混不清，表情沉郁、含蓄，浅灰色与高纯度色搭配，浅灰色面积较大，效果显得鲜明高雅。

2. 特殊色：是指具有金属光泽感的金色和银色。金色和银色在色彩设计中有特殊的地位，发挥着特殊的作用。金属在人类历史发展的进程中扮演了重要角色。黄金、白银是一种社会财富和权力的象征，强烈闪耀代表了高科技、理性、科幻和前卫感。金色设计运用得好会呈现一种辉煌而高贵的象征，让人随之产生购的欲望。

三、色彩调和

有彩色灰色是相对无彩色灰色（中灰色）而言的。在生活和自然环境中，有彩色灰色无处不在，具有非常丰富的变化。没有经过专业的训练，不懂得调和的基本原理，要想调和出有彩色灰色是很困难的，很可能无从下手，不知如何调配。在有彩色系中，色彩分为原色、间色、复色和补色，还有冷色和暖色之别。

1. 原色：指原本之色，根本之色，具体为红、黄、蓝三种颜色。通过三原色可以混合产生各种颜色，其他颜色无法调配出红、黄、蓝三种原色。

2. 间色：三原色混合后产生的颜色，例如，绿（黄＋蓝）、橙（红＋黄）、紫（红＋蓝）。

3. 复色：多种颜色混合所得出的颜色。

4. 补色：色相上相距180°，即直径两端的颜色，最典型的是红与绿、黄与紫、蓝与橙。三对互补色中，蓝色与橙色并置，冷暖对比最强，在视觉效果上最为生动、活泼、悦目。

冷色和暖色是指人们在生活中的生理感受，指视觉与心理上的一种反应与联想。例如，蓝色的海水是凉的，所以给予蓝色的一种感觉，就被称为冷色；红色则称为暖色。色彩的冷暖感对比除部分色彩较明确之外，更多的时候，色彩冷暖感是色彩并置时通过比较表现出来的。例如，绿色与红色并置，绿色显得偏冷；蓝色与绿色对比时，绿色就偏暖色。

有彩色灰色调配以补色调配法为主，例如，红色＋

灰色（＋其他色＋白色）、黑色＋白色（＋其他色＋绿色）、蓝色＋橙色（＋其他色＋白色）等。

现实中很多有彩色灰色都比较浅，而调配有彩色灰色时，需要加一定量的白色，以提高有彩色灰色的明度。

在进行色彩调和时应该把握灰色的倾向，真实地反映该灰色的面貌（色相、明度、纯度）特征，通过色彩的调和，达到视觉传达的功能，同时也能体现造型艺术的审美特性。

四、色彩感觉

在设计色彩的时候，要具有一定的色彩认识，对色感认识的培养是靠多方面的努力和较长时间的训练才能得到的。大量的色彩实践会增强对色彩的感受和感觉，通过对色彩的共性感受的文字描述和领悟来增加对色彩的感觉认识和感受力。

色彩本来是一种客观现象，但在人类长期生存过程中与生活体验相呼应的色彩能在心理上产生一种情感上的共鸣。生活中经常会遇到大自然中的一些景色，例如，春天百花齐放，万物复苏，树叶与鲜花相互映衬，衬托出不同的色调。我们在学习的过程中要与对自然界的感受联系起来，自然的色调会产生一种欢快、生机盎然的情绪。不同时代、不同地域、不同民族的人对不同色彩会产生不同情感上的反应。

1. 黄色：黄色在有彩色系中是最为明亮的颜色，赋予人想象的是黄金和太阳，给人以光辉、灿烂、富贵、辉煌的感觉。如中国历史上统治者的服装——黄色的龙袍，象征着至高无上的权力，在视觉冲击中仅次于红色和橙色。

2. 红色：它是最具有视觉冲击力和感染力的色彩。在心理学家的证明中，红色可以使人肌肉紧张，血液循环加快，使人的情绪高涨、激动。在中国象征喜庆、吉祥。在罗马教会里，红色象征一种权力和权威。给人抽象的联想是热情、振奋、爱情、危险、喜庆、祝福等。

3. 橙色：在表情方面更接近红色，其中含有黄色成分，因而给人以甜美、快乐、健康、幸福的感觉，显得最温暖，富有人情味，具有率真性和透视感，比较适合少年儿童使用。

4. 绿色：鲜亮的嫩绿色充满勃勃生机，给人联想的是森林、草原等。绿色的抽象联想是生命力、和平、清新、希望、青春、活力、安全等。

5. 蓝色：具体联想是海洋、天空。蓝色会产生一种博大和永恒感，透露出一种理性之美。蓝色富有个性气质，给人抽象的联想是理智、秩序、冷静、诚实、深沉、崇高、永恒和科技。

6. 紫色：紫色给人以复杂的感觉。呈暗紫色或蓝紫色时，给人以恐怖和不祥之兆的感受。淡淡的粉紫色如妖媚的少女，甜美、可爱。

7. 黑色：表情极为丰富，东西方有不同的象征性。中国民间认为黑色不吉利，而在西方却代表一种庄重、体面，黑色和白色被视为具有丰富的内涵，魅力巨大。

8. 白色：具有一种非凡的气质，在设计运用时，面积的大小对设计的效果有很大的影响，抽象的联想是纯洁、高贵、圣洁、高尚、神圣、正直、雅洁等。

9. 灰色：表情丰富多变。浅灰色看上去显得温文尔雅、富有修养和一种文雅的气质，调至银灰时可以发出金属的光泽感，体现一种很强的科技感、未来感和速度感，随着明度的降低，又表现出一种冷漠和孤独感。

10. 咖啡色：西方人较喜欢，常代表的是古典和传统。抽象的联想除古典传统之后，还有正统、温馨、成熟、保守和价值感等。

11. 有彩色灰色：它是由多种颜色混合而成，因此，具有丰富的内涵性。纯度高的颜色给人感觉活泼、单纯、一览无余。低纯度的有彩色灰色如同一个人走过天真的儿童时代，阅历了人间的沧桑，呈现一种深沉、成熟和魅力。

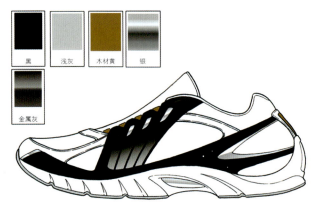

图 3-1

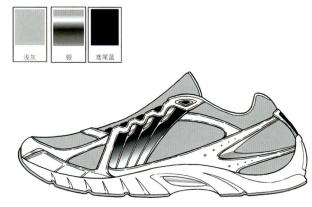

图 3-3

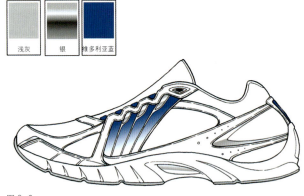

图 3-2

图 3-4

第三节　配色设计规则

在设计运动鞋时，结合服装时尚发展的流行趋势来考虑人们追求的感性认识，利用材料质感的自然色，把色彩搭配当作生活的装饰物进行艺术性加工，强化色彩设计规则。

一、配色的规则

通过对运动鞋色彩设计的认识和学习，大家都具备了一定的色彩设计的知识和能力。但在设计运动鞋产品的时候，对色彩的运用还需做进一步的深入研究，逐步地掌握运动鞋的配色构成规则。

1. 呼应规则：色彩的呼应是指在运动鞋色彩设计时，对于某种色彩的运用不是单纯存在的，这种色彩必须在同一双鞋的某处存在相同或类似的色彩呼应。

2. 对比规则：利用色彩某种性质上的差距，如色相、明度、纯度、大小、冷暖等，使运动鞋的色彩构成效果醒目、强烈、引人注意，这种应用于运动鞋的色彩设计最具创意和时代感的特征。

3. 统一规则：色彩统一规则是指在运动鞋的色彩构成中所呈现的统一性，它具有两种表现形式。一种是运用单一色相（色彩）特征，使运动鞋色彩设计具有某种魅力且符合流行时尚；另一种属类似色彩配色，色相相近，色彩协调统一。统一配色规则使产品色彩有一种整体力量，如果不是常用的色彩，面积愈大，视觉效果愈强烈。

4. 强调规则：通过色彩的一种强调运用，表现运动鞋的某个重点部位或部件，展示设计特色和品牌，色彩的对比纯粹是为了追求一种生动鲜明的配色效果。强调法则有意识地去表现某一点，同时又离不开色彩对比的应用，包括色彩的色相、纯度和明度。

5. 节奏规则：对色彩进行节奏感的设计和运用，特别适宜于青少年穿的运动鞋的设计。色彩节奏感设计表现为色彩有规律地反复出现，通常以色相、纯度、明度、图案等来表现，运用得好，运动鞋色彩效果会更加活泼、自由、更有动感。

6. 流行规则：运动鞋产品的色彩具有一定程度的流行性，符合流行的配色，容易被人们接受运用。鞋色彩流行法则的运用要考虑使用者的条件、地域、年龄和运动项目等，这些都会不同程度地制约鞋流行色彩的接受程度。

7. 创新规则：是构成运动鞋造型艺术的重要特征，色彩设计的成功与新颖，在设计语言表达中最具有魅力。

求新、求异是基本，要熟练地掌握和应用配色的法则，在设计的过程中既要掌握方法，又要追求创新。运动鞋的创新表现要突破传统的配色规律，设计创造一种新的配色视觉效果，吸引消费者对产品的关注和消费。

图 3-5

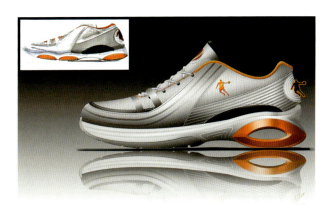

图 3-6

图 3-7

二、色彩搭配设计

在设计运动鞋时，色彩的搭配需要从以下几个方面进行全面的考虑。

1. 色彩的色相要素配色：色彩的色相要素在配色的过程中是指运用不同的色彩进行组合。配色是为了达到设计目的，使色彩与材料相协调。

（1）两种色相配色：色相要素是色彩的基本要素，每一种色彩（色相）实际都含有明度和纯度两种特征。单一色相同样具有丰富的表现内涵，用两种以上的鲜艳色皮革做出运动鞋，结合新颖结构样式或与标志组合，创造一种特有的视觉冲击力。

（2）类似色相配色：是在色相环上选择30°~60°之间的色相进行配色，类似色相容易产生调和感。但如果是黄色和绿色方向形成60°之间的配色和紫色向蓝色方向形成60°之间的配色，其色相类似性要比色相环与其他60°角之间的色相类似性差一些，它们之间的色相具有不一样的对比度。

（3）对比色相配色：利用色相环上两色相距120°~150°之间的色相配色，这种配色色相差异性大，配色效果显得明快、活泼、跳跃、鲜明和强烈。但如果处理不好色相，配色会显得刺眼、眩目、令人不适。解决方法是改变色相方向的纯度、明度或用无彩色系任何一色将它们分隔开，也可以通过调整色彩的主次关系、面积大小来改善色彩效果。

（4）互补色相配色：是用色相环上相距180°之间的颜色相配色。典型的互补色色相是红色与绿色、黄色与紫色、蓝色与橙色。互补色色相配色在双方纯度、明度和面积接近时，容易产生刺激、喧闹、躁动不安的不协调感，这时必须调整纯度、明度或面积大小的对比，也可以用无彩色系的黑、白、灰中的任何一色将其隔开，达到协调的状态。

2. 色彩的明度要素配色：是指运用色彩明度变化来进行产品色彩设计的表现，色彩明度变化，对色彩表情影响很大。深黄色和浅黄色给人的感觉明显不同，前者稳重，后者活泼。运用色彩明度配色，可以从高低不同调子和明度差两个方面进行。

什么是明度调子？明度调子是指色彩在明暗程度上呈现出的一种总体倾向。当配色中的高明度（高亮度）颜色占绝大面积的时候，称其为高调子配色。高调子配色赋予色彩轻快、明朗、亲切、活泼、兴奋、抒情、自由等视觉表情效果。中明度配色看上去既不很亮，也不很暗，它的色彩柔和、端庄、稳重。低调子（低明度）

配色具有谨慎、苦闷、忧郁、深厚、稳重、丰富、内涵、理性、坚毅、沉着等表情特质。

色彩明度差配色是色彩在整体明度调整基础上色彩之间的差别对比。明度差配色是明度要素配色的重要组成部分，在运动鞋设计中应用广泛。明度差配色主要有三种形式：第一种是低明度差配色，又叫短调配色。其特点是色彩之间明度接近，呈现较为柔和、谐调的配色效果；第二种是中明度差配色，又叫中调配色。由于色彩间明度有一定距离，配色较为活泼、生动；第三种是高明度差配色，又叫长调配色。这种配色由于色彩间明度差距很大，结合色相对比，配色效果将特别生动和醒目。

3. 色彩的纯度要素配色：指运用色彩纯度来进行运动鞋产品的色彩表现，使之发挥重要作用。色彩纯度决定了色彩变化的丰富性和表现特征。色彩的纯度越高，感情表露越高扬，色彩看上去越显得富有内涵性和典雅感。

三、纯度配色的一般方法：

（1）低纯度配色：指产品设计整体上呈现一种很灰的状态，色彩的色相含糊不明确。低纯度配色含蓄、深沉，对于旅游鞋、休闲鞋、运动鞋的设计有一定的启发。

（2）高纯度配色：指红、黄、蓝、绿等纯度较高的颜色组合，高纯度配色表现的是一种青春、亮丽、生命、自由、运动等，是旅游鞋配色设计经常使用的方法。

（3）高纯度与低纯度的对比配色：这种配色方法在旅游鞋的配色过程中，低纯度色占绝大面积，而高纯度色起点缀作用，而且低纯度色相和高纯度色相之间多为对比色或互补色。高纯度的色彩搭配，视觉效果舒适，是一种统一中的对立，表达一种理性中的激情。给人以高雅、富贵、富于艺术的文化视点。

（4）无彩色与有彩色的设计配色要求：适合于运动鞋类产品造型设计中的色彩搭配，颇受消费者的喜爱。无彩色系的黑、白、灰自身具有丰富的内涵表情及无穷魅力，由于无彩色系中的黑、白、灰都有很强的稳定性、统一性、协调性，所以在与有彩色系的色彩搭配时很容易取得一种协调感。无彩色系中的黑色和白色与高纯度色的红、橙、黄、蓝、绿等搭配，取得鲜明、生动、活泼的视觉效果；与低纯度颜色搭配会产生平和、有内涵和有阅历感的气质。

（5）特殊色配色：在皮革材料中有金属光泽感的金色和银色，这种特殊的色彩有着独特的表性内涵。金色直观上给人以财富和权力的联想和象征；银色在现代科技产品中被广泛运用，充满现代感、科技感、未来感、精致感和速度感，与无彩色系搭配也有较好的配色效果。

图 3—8

图 3—10

图 3—9

图 3—11

四、材料质感自然色

1. 正面革：革类材料是通过各种工艺处理后，呈现出各自不同的外观视觉效果的。常见的正面革是正面上有光亮的、经过涂饰层的粒面革。正面革质感体现在它的受光点和肌理上。皮革在光线的照射下，具有较缓过渡调子的高光和一定亮度的反光，肌理质地均匀细腻。在表现过程中要把亮光特点和肌理特点把握好，它的质地才可以表现出来。正面革适宜喷绘、电脑制图和彩色铅笔等绘画形式。

2. 漆革：漆革由于在皮革的表层涂有一层光亮的涂饰层，表面光滑明亮，故漆革的高光和反光都比其他皮革亮，高光和反光的调子过渡比较突然，区域分布多、面积大，构成了它特有的光亮如镜的材料直翻，适用于水粉、水彩。

3. 绒面革和磨砂革：绒面革和磨砂革在工艺处理上不尽相同，但在外观视觉效果上却相近。绒面革和磨砂革在特定工艺处理下，表现肌理组织有绒毛，没有光亮的涂饰层，高光和反光也没有，调子过渡比较缓慢。表现时把握好这些基本特征，绒面革和磨砂革的质感就基本能够表现出来。适用电脑和水粉描绘且很方便。

4. 油鞣革：油鞣革是从欧美开始流行的一种视觉沉淀效果比较特殊的皮革，适用于户外的旅游鞋。油鞣革的特殊处理工艺，让人们视觉有一种油腻感，正常光线下，一般能呈现出一定的高光，但不是很亮，由浅调子过渡，调子过渡比较缓慢，反光也较弱。

5. 棉麻织物：主要是帆布，在运动鞋中比较常见，由于肌理关系，这类型的面料没有高光，但会出现一定的反光。在表现旅游鞋中使用棉麻织物时，要把握好它的质感，注意其受光的特点，可以将颜料涂在织物上，然后轻轻地压在画面上，效果会自然出来，比较适合水粉。

6. 透明材料：运动鞋中有网眼和无纺化纤材料两种透明的材料，透明材料的质感表现比较容易，通常采用在凸直的部位表现出一些高光。无纺化纤材料、网眼纹理勾画一些即可，效果图3/4侧面角度时，将对面的内底轮廓勾画出来，透明材料的质感可以表现一部分，再勾画高光或网眼，透明材料就可以表现得更加充分。透明材料质感刻画适合用有色纸表现技法和水粉表现技法。

7. 金属饰件：金属饰件在运动鞋中相对较少，

从饰件外观效果上看，主要有高光型金属饰件和亚光型金属饰件。高光型金属饰件的受光点很亮，高光较多，反光也较高。调子过渡由亮到灰，再到较暗，抓住这些特点自然会呈现出它的特有质感。亚光型金属饰件与高光型金属饰件相比，受光点稍低比较暗，反光同样，在调子过渡上比较缓慢。

图3-12

图3-13

图3-14

第四章　运动鞋图形设计

运动鞋图形设计，最基本的方法是先通过绘画，在把握一定的技巧之后，逐步地深入到运动鞋的领域中，绘画技巧的运用能够生动形象地表达设计者的思维和文化的精髓。

第一节　形体效果设计

一、线描造型设计

在学习运动鞋设计的造型设计时，应该更多地去掌握绘画过程中最基本的方法——线描造型设计。

中国线描绘画与西方线描绘画有一定的实质区别。西方线描是一种个体的表现物象的方法，而中国的线描意识则是由线组成一个完整的技法体系，不仅是一种艺术创作手段，更直接体现的是一种艺术形式，既营造物象，又具有很高的审美价值。它是经历了中国历代传统绘画艺术家的传承而遗留下来的一种绘画创作方法，线描也因此成为中国绘画的基本的绘画技法之一。线描也是设计学中的一门基本语言，无论是结构设计、工艺设计、艺术表达设计，都离不开线语言的表达。

在绘画中对线的运用是作者心里的一种感悟、喜爱和眷恋，而在设计中则要表现出作者对设计作品的创意、情感、形式、造型结构的主观审美意识表达，是对客观物象进行再塑和重构，以线描这种特有的艺术手段来表现物象的形态与神韵。

设计类的线描蕴含着设计者的客观感受、情感，是作者主观意愿的直接表达，浓缩了设计者的主观情绪、审美感悟与艺术追求，蕴含了广阔的想象空间，体现了视觉趣味和秩序美。

运动鞋设计线描中立足于被表现对象的形象特征，要具有造型严谨、动态生动自然、线条组织得当、整体效果相互呼应的特点。处理好结构造型之间的线条组织关系是关键环节，在运用线描艺术进行鞋类造型设计时，尽可能地避免线条结构造型的平行和雷同，做到疏密有序，要富有节奏感和韵律美。

运用线描同样能表现出材料的质感。在设计表现中，不同材质的互相组合，质感也存在一定的差异。线的组织既要符合艺术规律，又要在线的运用过程中呈现材料的质感效果。在运动鞋设计创作时，线条组织长短变化更为重要，从整体的角度出发，把握局部和整体造型外缘线条的长短变化和局部外缘线条的长短对应，对运动鞋造型设计来说是非常重要的。

曲直变化同样也是线描艺术的表现手法之一，但曲线变化的运用不可主观臆造，要真实地表现物象的客观形态特征。曲直的变化对于运动鞋产品的设计有深刻的意义，它的变化要恰到好处地应用，从而利用曲直关系较好地达到表现对象的目的。

在运动鞋设计表现中，利用线不仅要表现曲直变化，还要将材料力学的抗张强度表现清楚。通过线条的疏密感来表现这种材料特征，通过线条的走势来表现运动鞋结构变化。

形体准确与动态生动是设计一幅好作品的必要条件，设计过程中不一定每个线条都具有生动性。创作时从平淡中发现美感，对某局部实行强调和夸张的手法，如在鞋的跗背和后跟部均可采用，通过此手法衬托出一种静谧的自然美感。

运动鞋线描设计时经常会遇到帮样鞋结构变化的琐碎特征情况，不能过多地取舍，恰如其分地表现鞋的整体和局部特征，调整结构线的长短同局部线条的比较，造成视觉的错视反而会收到很好的艺术效果。

线条的均衡、对称也会使运动鞋设计产生较好的艺术效果，塑造形体时要具有一定组合秩序感和强烈的视觉冲击力，注意线条前后的叠压关系，把握线条艺术表现中的透视关系。

运动鞋设计除了线条的节奏与韵律之外，细节的刻画也是必不可少的条件。细节刻画首先表现于鞋的前帮总长和口门位置的变化，用线要肯定，要符合解剖与透视表现特征。鞋的扣件、鞋带都是所要表现的内容，局部处理时可以分开处理，这样对其他部位的客观把握就容易多了。

运动鞋设计过程中要有意识地把握线条的长短和方向性，弧线的应用都应以长线为主，短线为辅，使画面完整和谐而又保留鞋的基本形态特征，较好地达到要表现的目的。在设计的过程中要用实线来表现鞋的形体位置和结构形态，通常用实线表现形态结构，利用虚线调整画面关系。实线不宜过多，如过多会显得呆板。如完全是虚线则表现无力，画面没有活力（即立体效果）。表现过程中应注意找出实线，使鞋的结构坚实，具有立体感效果。

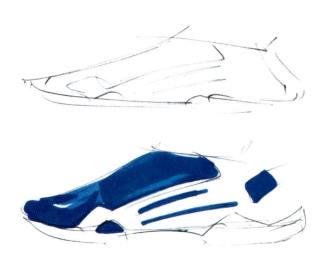

图 4—1

图 4—2

图 4-3

图 4-4

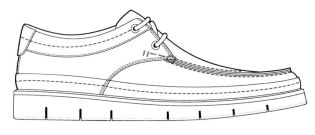

图 4-5

图 4-6

图 4-7

二、工业产品设计概念

工业产品造型设计的基本原则是实用、美观、经济。在我们设计运动鞋或者是其他工业产品时都应考虑其是否符合工业产品造型设计的基本原则。

产品的实用性必须具备先进和完善的功能，并保证物质功能得到最大限度的发挥。产品的用途决定产品的物质功能，产品的特质功能决定产品的形态。因此，产品的形态设计必须服从产品的物质功能。产品的功能设计应考虑其功能的范围要恰当，产品的造型必须使外观形式与功能相结合。

功能决定形态无疑是正确的，但产品的物质功能只有通过人的使用才能体现出来。这就要求设计师在设计产品时必须考虑到人体生理结构的特点。因此，产品的实用性及产品的造型设计必须符合人体工程学的科学要求。

鞋类产品的设计与制作具有独立性、操作性、机械性、组合性强的特点，因此在设计中，设计师的造型设计思维方法可以根据不同的造型和设计的原则进行分类：

1. 分部设计法：将运动鞋的组成部分进行分部设计，然后根据设计要求运用美学知识进行合理的构成，形成整体作品的设计。先从部件开始，顺序为原件、构件、配件、装饰性件。其规律是先主要部件，再次要部件。其顺序是先前后、后上下，先大后小。

2. 复古设计法：参照古代服饰及装饰的样式，运用古典风格图案，结合现代运动项目的特点，对运动鞋的鞋款以及装饰件的搭配关系进行设计装饰的方法。

3. 仿生设计法：指设计师通过大自然中的动植物相类似的形态，运用概括和典型化的手法，对这些特殊形态进行升华和艺术性的加工。应注意仿生部件、仿生材料和整体布局。

4. 系列设计法：它是以发散性思维对鞋的某种或某些要素进行系列变形，从而产生多款的设计手法。其规律有鞋楦、底跟系列，部件系列；色彩系列有单色系列、多色系列；此方法需要在个性之中包含共性，变化之中包含统一，对比之中掌握协调。

三、鞋跟时尚设计

鞋跟的高度对于当今的女性来说是很重要的。女性穿高跟鞋体现出一种时尚，体现自我包装，并且张扬个性，这是女性自身价值以美的形式在公众形象中的体现。这是现代人与古代人思想上的解放与观念中的转变，塑造了人们对自身审美和评价美的标准。

高跟鞋的美学价值体现于遵循美学的规律，它体现出曲线与自然的结合和造型线条的流畅。它是协同社会的发展来增强美学与艺术的结合的。审美的标准是以社会的发展为前提条件的，虽然现在社会发展趋势呈一体化的发展方向，但整体的美学也将有不同程度的改变，把多区域的文化、民族特性集中为一个整体性的综合元素，而这时人们的审美标准也将改变。

高跟鞋的适用范围较宽，它适用于人们在交际中的各种场合，体现出女性的魅力，展现女性的高雅气质和优美的曲线。在商业化社会，一切都以商业化的价值为体现，某些审美的标准在具有一定的商业化价值存在的成分。高跟鞋的设计体现出社会的审美和商业价值链紧密联系在一起。

在运动鞋的设计中，需要的是把鞋跟高度的设计理念应用于时尚的概念中，主要表现在运动休闲鞋的设计。

图 4-8

图 4-9

第二节 图案效果设计

运动鞋的图案效果设计构成，主要体现于运动鞋色彩的科学配置和材料的合理使用及款式的构成上。

一、图案设计法则

要处理好运动鞋造型美的基本要素之间的相互关系，必须依靠形式美的基本规律和法则，使多种造型因素形成统一和谐的整体。通过运用对称、均衡、对比、调和等多种方法来达到和谐的图案效果设计。

1. 对称

对称是造型艺术最基本的构成形式，无论是在传统造型艺术中，还是在现代造型艺术中，对称的形式始终被广泛地运用着。对称是指图形或物体的对称轴两侧或中心点四周的大小、形状和排列组合都具有一一对应的

关系。对称具有严肃、大方、稳定、理性的特征。对称也是鞋类造型中最常见的、最普遍的一种形式法则。在鞋款的构成中，一般采用左右对称、回转对称和局部对称的形式。回转对称的形式一般是利用面料的图案或装饰点缀来完成的。

2. 均衡

均衡是指图形中轴线两侧或中心点四周的形状、大小等不能重合而以变换位置、调整空间、改变面积等求得视觉上量感的平衡。均衡较对称显得丰富多变，在鞋造型的构成中均衡的形式一般是通过下列两种因素来体现的：

（1）口门位置：口门的位置是于楦底样长 30%～37%之间自由选择，从前端点沿楦体背中线向流口前端点方向量取。利用口门来协调和变化造型空间的分割，使整体造型结构达到均衡的视觉效果。口门的变化是鞋样造型变化的重要因素。

（2）横带位置：横带的位置一般位于鞋舌顶端背中线向下 15～25mm 之间自由截取，横带的长度一般为 55～70mm 之间随款式结构的变化自由截取，以活跃和调和鞋造型的艺术审美价值。

3. 对比

对比是两种事物对置形成的一种直观效果，对于鞋的造型来讲，其对比的应用主要表现为色彩对比、款式对比、材料对比。

（1）色彩对比：在鞋色彩的配置中，利用色相（冷色与暖色并置），明度（亮度与暗色并置），纯度（灰色与纯色并置）和色彩的面积、形态、位置、空间处理形成对比关系。

（2）款式对比：鞋款式的前帮、中帮、后帮、横条、装饰件的大小，鞋舌的长短，各结构中采用直线、弧线、曲线、斜线、垂直线的对比，以及凸型的设计，可构成新颖、别致的视觉美感。

（3）材料对比：鞋用革质感的对比，诸如粗犷与细腻、硬挺与柔软、沉稳与飘逸、平展和皱褶等，通过对比可使各自的个性特征更集中、突出，从而产生强烈的对比视觉效果。

4. 调和

调和是把两种以上的色彩进行配色，调和出新的色彩。在鞋类设计中应该强调相似色。从色彩的明度和纯度进行皮革面料色彩的搭配，形成不同风格的色彩组合。

二、图案在鞋设计中的体现

服装设计强调符合人体优美、自然流畅的线条特征，

强调服饰各部位之间的流畅、自然和协调。鞋类设计除强调款式变化外，更多的是要注重整体和局部之间的协调和搭配关系。在表现设计的手法上更注重整体的搭配，既要符合人们的审美特性，又要具有独特而不失大众化的趋势。鞋类设计与服装搭配之间的关系是相互协调、相互点缀的，强化局部装饰，衬托、美化整体效果。

在鞋类设计时不能与材质、色泽、图案的装饰美相分离，不能忽视图案在鞋设计中的装饰作用，但在整体的把握上要尽力衬托出一种主次的关系。鞋设计中的图案运用要结合时尚、社会、文化、民族的特点进行重点的强化，这一点需要的是通过消费心理和审美心理的特点而进行的。

图案的设计要符合自然、生活环境、空间事物的造型特征，要把众多的空间元素组合起来，应用到设计的产品上，通过产品的造型特征来增强装饰、美化的视觉感观效果。这就需要设计师对身边的事物进行仔细观察和辨析，综合运用设计的手段来强化自己的设计理念与理性的定位分析，运用空间位置的变化和事物造型的自然特征进行组合。目前较为流行的是采用组合的手法来表现时尚的观念，突破了传统思维的定式，由传统变为自然、随意。在运用不同的材质、色彩、光泽、肌理、图案、视觉传达、环境之间的综合性组合过程中，鞋类设计的特点在结合效果图的表现技法上也显得更加突出。

鞋设计中的图案运用要符合工艺要求。在对鞋的设计和生产过程中，重点应放在产品的生产工艺上，采用不同的工艺和对工艺要求的改变能够增加产品的装饰效果。鞋的设计首先要做对工艺流程的设计和进行工艺的说明。如在组合鞋帮结构的时候，对线的颜色、粗细的运用，对机针、针距的要求等都会增加装饰美化的效果。

1. 线的颜色：不同线的颜色在不同的款式、材料、色彩的搭配中会呈现不同的装饰美化效果。

2. 线的粗细：要根据款式的结构变化进行设计，结合款式结构的变化和自然的组合，使结构更加的自然和流畅，线的粗细要根据款式、结构的变化以及工艺的要求进行特别设计说明。

3. 机针的要求：机针的要求是配合线的型号的要求进行编写工艺说明的，它会影响到成型后整个鞋面的装饰效果。

4. 针距的要求：不同的针距会有不同的装饰效果，针距的要求是根据款式的变化、线的粗细而决定的。

在鞋类装饰件的装饰效果设计中，装饰件的特点不但能提高鞋面的视觉传达功能，而且对鞋的造型、款式也具有搭配效果，具有很强的装饰性作用。它的设计牵涉到鞋整体的设计搭配，如颜色、款式、造型、材质等。因此，装饰件的设计必须采用新颖大胆的表现手法来体现。

在材料的运用中，运用不同材料的肌理来构成图案效果。在不同的结构、款式、造型中结合材料特征进行设计的综合处理，从材料的运用中来显现人的个性、华贵、尊严、风情、帅气、美丽和性感。

三、鞋类设计中点、线、面的运用

在鞋类设计中，整体美感的产生与形成其造型要素虽然是很多方面的，但离不开具体的构成形式和美学原理。因此，鞋类设计师应善于运用科学的制鞋理论知识和鞋的造型规律，掌握鞋设计的构成要素和设计的形式法则，驾驭好点、线、面在鞋类设计中的巧妙运用。

鞋类设计是一种立体造型的设计，就整体的形态而言，它包含着点、线、面的构成要素。这些构成要素在鞋设计上既可以表现为不可视的、抽象的构成要素，也可以表现为可视的、具象的构成要素。具体反映在鞋的造型上，则是通过鞋的外部形态、内部结构、装饰配件及内外空间处理的有机组合体现出来的。

1. 点的应用

从几何学的意义上讲，点是最小的基本形态，其特征是没有长度、宽度，也没有厚度，位置是点的属性，两条线相交之处或线段的两端都可以看作点。从造型意义上讲，我们将点看作是整体中的局部，是视觉中心。同时，点不仅有位置，而且还有形象、有色彩，是我们能够直观感受到的。

在造型艺术中，一个点可以使视线集中，两个点可以表示出方向，三个点可以引导视线流动，使空间造型艺术注入时间的因素。当点的排列距离相等时，会给人一种系列感和秩序感；当点的排列是一个比一个远或一个比一个大时，就会给人一种节奏感；而当点随意排列的时候，则会给人一种杂乱无章的感觉。因此，在鞋类设计中，点的不同方式运用会体现出不同的视觉效果。

（1）款式结构：在鞋款式的轮廓上，我们如果在鞋的口门、鞋舌、流口、前尖、后端、腰窝等位置设点，并将这些点连接起来即可显示鞋的整体外形。款式的内部结构、中帮、鞋耳、鞋舌的宽度、鞋眼等都可以用设点的方法来进行处理。当然，这些点的排列和组合需要有主次、疏密之分，以求得丰富的视觉美感。

（2）商标：在鞋类设计中也可以作为点来运用，往往会起到"画龙点睛"的作用。商标的运用是很讲究的，一般集中表现在商标设计的大小、聚散和色彩等的处理上。如果对商标在鞋上的位置、色彩、材质及大小处理得当，不仅能显示产品的品牌、产地、企业名称等信息，亦可将产品的档次、创新等特色衬托显示出来。

(3) 装饰：在鞋上采用点状的装饰件进行有序排列，会产生一种均匀和平衡的感觉。用装饰件进行有序的排列和组合时，要注意装饰件之间的大小比例关系，大小比例不可太过悬殊，否则就会失去造型上的层次关系。在色彩上应处理好装饰件色彩与整体色彩的协调性，装饰件的色彩不宜太过跳跃，否则会产生喧宾夺主的感觉，尤其是在高档鞋中更要注意其视觉效果。

2. 线的运用

线在几何学上是指一个点的任意移动所构成的轨迹，长度和形态是线的属性。线分为直线和曲线两种，线存在于面的界限和面与面的交接处及面被分解的分解处。

我们对线的理解可分为两种形式，一种是可视的、直观的线，这种线在我们的生活中随处可见。例如公路线、铁路线、雨滴下落形成的线、阳光透过树林构成的光束线等，以及我们在绘画时所使用的各种不同形式的线；另一种是不可视的抽象的线。例如物体与外界相邻的外轮廓线、建筑中的投影线、人体外形美的曲线、运动所产生的律动线等，这些线都是凭感官和意念所赋予的线。线在造型艺术中担当重要角色，特别是在东方传统艺术形式中，对于线的运用是极为普遍和丰富的。如彩陶、青铜器的纹样、汉代瓦当、铜镜的图案、敦煌壁画中的用线等，那些如影像般简约自如、流畅而富于弹性和张力的线条，其气韵生动的风格与传统文化的那种讲求整体统一的美学思想是一脉相承的，已成为现代造型艺术设计中取之不尽、用之不竭的艺术宝库和设计灵感的源泉。

(1) 直线：直线在视觉中是一种最简洁、最单纯的线，直线给人以硬挺、坚强、通直、规整的感觉。同时，直线由于出现在不同的物体上或环境中，所产生的直观感觉也不尽相同。直线可分为水平线、垂直线、斜线三种。

①水平线的特性：水平线呈现其横向的平静、宽广、安稳的特性。凡是以水平线为主的物体都会给人一种稳定感。

②垂直线的特性：垂直线呈向下垂直的状态，体现严肃、庄重、安定的特性。

③斜线的特性：斜线具有不稳定倾向和分离的特性。斜线是较水平线和垂直线而言的，斜线具有动感和不安定感。在鞋类设计中，比如在童鞋、运动鞋等的结构处理上多采用斜线，以求活泼、动感和变化。

(2) 曲线：曲线与直线相比具有较强的跳跃感和律动感。曲线分为几何曲线和自由曲线两种。

①几何曲线：是指具有一定规律的、在一定条件下产生的曲线，诸如圆、椭圆、半圆、抛物线、双曲线或沿一定方向有规律地螺旋上升或下降所形成的曲线等。

在鞋设计中的外部轮廓线，如楦的底轮廓线、后弧线、统口线、背中线等多用曲线，款式结构中的部件机构也都是由曲线组成的。几何曲线构成在运动鞋设计中往往给人一种律动、流畅、柔美的效果。

②自由曲线：是一种没有规律、走向自如奔放的曲线，具有一定的随意性。自由曲线是具有个性和生命力的线，常常给人以无限的自由空间。然而自由曲线也是有前提条件的，是遵循一定美学发展规律而构成的。自由曲线蕴藏着一种内在的弹性和张力，要使自由曲线充满弹性和张力就必须使自由曲线构成内力贯通。

在传统艺术的诸多造型艺术构成中，很多都体现了自由曲线的形式美感。如彩陶的外部形态、象形文字、草书，特别是秦汉时期的漆器的装饰线，那些生动多变的卷云纹、云气纹、波折纹等，其线条时急时缓，刚柔兼备，在今天看来仍然魅力无穷、耐人寻味。

在女鞋、童鞋、旅游鞋、跑鞋等的设计中都采用了不同程度的自由曲线，体现出了审美视觉艺术的魅力。

3. 面的应用

线的转动产生了面，面是有一定位置、一定长度和宽度的立体界限。从总体上讲，面可以分为平面和曲面两种形式。

(1) 平面：可分为规整的平面和不规整的平面，比如方形、三角形、多边形、圆形、椭圆形的面，也包括各种有规律的几何曲线的面。规整的平面中不同形状的面给人的感受也各有不同。方形的面给人以牢固、安定、有序的感觉；三角形的面，其三条不同长度边的构成，给人的感觉既有稳定感，又有锐利感；多边形的面给人以多变、丰富的感觉；圆形和椭圆形的面则会产生一种美好、圆满的感觉；而几何曲线所形成的面又会给人一种律动、柔美的视觉效果。

在鞋类造型中，对于各种不同形状的面都有着不同程度的运用和体现，使得鞋的款式、结构富于变化，风格迥异。

在不规整的平面中，有以直线构成的直线形的平面，也有以曲线构成的曲线形的平面，直线形的平面简洁、明快，曲线形的平面自如、多变、随意而洒脱。不规整的平面在鞋类造型中一般是以图案和装饰手段来构成的，在整体效果中起活跃气氛、强化造型的作用。

（2）曲面：曲面是通过曲线的运动过程而形成的（就其本质来讲，曲面也是由若干个小平面组成的），曲面的分类有规则的曲面和不规则的曲面。规则曲面包括柱面、锥面、球面、卵形面等，不规则曲面是指各种自由形成的曲面。

以上所讲的点、线、面是一切造型基本的要素，同时也是鞋构成的重要要素，点、线、面三种基本形态构成了有长、宽、高三度空间的立体形态。这种立体的形态有着比点、线、面更为丰富的内涵，直接决定着物体造型的基本形式，同样也决定和规范着鞋造型的各种表现风格。

成品图的分析与论述：

（1）成品图不同于效果图和照片，它强调的不是立体感，不是质感，也不需要有多么亮丽，而是要强调它的内在结构、部件比例和轮廓线条。

（2）在动手画结构设计图之前，要先动手画成品图，即使有了实物进行仿制，要想达到事半功倍的效果，也要画成品图。

（3）在画成品图的时候，对于鞋帮的结构、鞋底的搭配、部件的多少、比例的安排、位置的高低、轮廓的外形、线条的风格、装饰的难易等都有明确的表现。

（4）成品图的主要内容有结构、楦型、部件的多少、位置、外型、装饰工艺的要求等。

图 4-10

图 4-11

图 4-12

图 4-13

第三节 力学功能性设计

运动鞋的设计重点在于鞋的功能性，设计要符合人体生理结构的运动规律。功能性的设计主要表现在运动鞋的透气性、鞋底材料的弹性和鞋底局部作用力以及保护保健功能。

一、人体运动力学设计

运动鞋的弹性功能的设计对于长跑过程中的人体重心力的反作用是最关键的。因此，在运动鞋设计时，材料的使用直接影响到运动过程中的生理疲劳度。弹性功能的作用主要是通过材料力学来实现的。材料力学和弹性功能相互结合，可以缓解运动时所产生的生理疲劳。

我们在研究鞋受力的分布结构时，应该根据运动鞋结构和运动力学的方向来进行设计材料弹性，要在有限的鞋底接触地面的时间和面积中研究鞋底的受力分布情况和作用力以及对于材料拉力的分布。在研究过程中，需要通过生理运动规律的测试来达到相关的研究课题，测试范围以及受力结构的分析都应按照相关测试要求进行测试，尤其是材料的性能在局部作用力中的测试。由于各部位特征的不同，其受力的作用的方向性也不尽相同。因此要制定相应的作用力设计的主题以及满足功能的需求。

在运动过程中，鞋底作用力主要分布于前掌、后踵的外侧，重心力作用的传播方向是由前掌向后踵传递，运动鞋的作用力是由前掌接触地面的材料传递到鞋的后踵重心。在设计的时候需要考虑的是材料在脚底的分布，这样有利于功能的正常发挥，不同的生理部位其受力程度也不尽相同，所以采用的材料也不同，特殊部位要采用特殊功能的材料。

人的脚底具有排放汗液的功能，在运动过程中，脚底汗液的排泄与鞋的材料有极大的关系。使用弹性较好的材料便于吸收汗液，同时也可以减少汗液的分泌。弹性较小的材料会严重地影响到汗液正常的分泌并具有一定抑制作用。弹性较好的材料可以促使汗液正常分泌，对汗液的挥发起重要作用。汗液的分泌与运动时脚接触地面的面积大小和作用力的大小有很大关系。弹性材料对于脚各特征部位在运动时排泄汗液有直接的影响且具有一定的吸附作用，弹性越好的材料对于汗液的吸收就会越强。

根据长跑的特点，人在运动的过程中，脚的受力部位有脚的踵心部位、腰窝、前掌突出部位、跖趾关节部位和腰窝外侧的边沿部位。腰窝外侧的边沿部位同时也是运动过程中受力的主要部位，是前掌作用力传播到后踵中心的起杠杆作用的桥梁，腰窝部位受力的面积越大，那么在运动过程中就会使传播力的作用越小，力学的稳定性就越强。这一点对于运动鞋设计有着重要的影响，它将影响到设计出的鞋是否符合人脚的生理结构特征，以及人在运动过程中所产生作用力的分布是否合乎力学要求。

运动鞋设计可以采用不同材料来满足运动生理结构的需求，解决受力部位与地面接触时的摩擦。如果运动鞋采用高弹性轻巧质的材料，同时在接触地面的部位采用耐磨的材料，这样就可以避免重力分布与地面的直接接触。如果采用人脚的踵心部位外侧直接接触地面，那么就可以把运动时身体的重力传递到地面，通过高弹性的材料再使身体的作用力反弹回来，这种反弹的作用力可以助跑。这正是目前鞋类设计的主题和跑鞋市场的潜力所在。

二、功能性设计

马拉松鞋的设计所采用的材料范围主要是要实现运动时的透气性，材料的透气性功能要好。透气性主要针对的是鞋腔内脚在运动的时候生理上分泌出的无机盐，无机盐的分泌在脚运动的过程中起重要作用。运动的速度和脚的运动频率都会促使分泌的汗液在长时间的作用下，由于鞋腔的透气性不好而产生新的化学反应，同时，也就会产生我们日常生活中所说的脚臭。

要想解决这一问题就要先处理好鞋大底的前掌凸度

与运动力学之间的特殊关系和运动力学的传播与材料力学之间的特殊关系。

第一，通过改变鞋楦的角度来解决鞋腔透气不好的问题。鞋楦设计对于鞋在运动过程中要具有良好的透气性有重要的影响，要想解决好鞋腔的透气性主要是要应用好相关的设计技术参数。技术参数主要表现于第一趾跖部位到第五趾跖部位的楦底斜宽（这个部位女鞋的技术参数为77mm，男鞋的技术参数为89mm）。运动鞋的鞋楦设计的技术参数运用主要是在运动过程中鞋底的高度与运动生理之间的关系，这也是将运动规律和鞋的后跷的高度同前跷高度接触地面之间的特殊关系紧密地联系在一起。

第二，腰窝部位的技术参数的处理，即腰窝的内侧楦墙高度弧形曲线的设计对于运动过程中人体重心部位的反作用力非常重要。从楦底第一趾跖部位到腰窝的弧线设计，对于助跑有一定的影响，而且设计运动鞋也需要满足运动时的生理要求。所以要在设计时充分考虑鞋在人体运动时脚的舒适性。其舒适性主要表现于鞋与地面之间的接触过程中所产生的反弹作用力，以其轻巧方便来减轻运动过程中对于脚腕所产生的生理疲劳，以及鞋底在人体运动时对人体内脏器官的震动。

抗震性功能设计应用主要表现于对于脚型生理结构的理解，并结合鞋楦的设计。所以在设计时要充分考虑到结构设计与材料之间的结合。

材料是实现人体运动力学传播和保持运动力平衡杠杆作用力的关键。所以针对不同的鞋类设计出的鞋底所采用材料和鞋底花纹设计也是不同的。其实，鞋底设计就已经决定了运动力学传播路径和支撑力点的稳定作用。不同鞋类和运动项目对于鞋材料和帮样结构设计都具有严格要求，我们在设计过程中需要建立一个完整的力学数据库。结合鞋楦设计中的力学传播的脚型结构与力的作用点，调整把握好鞋楦前掌凸度和前跷之间密切关系及后跷和凸度之间关系的结合，设计造型也需要作出相应的调整，尽可能地符合脚型生理运动规律。

跑鞋设计与其他相关鞋类设计是有一定密切关系的，主要表现在与运动规律及力学传播方式上极为相似。不同之处表现为运动力学的方向和作用力的着地点以及踵心着力角度的方向性上。

第四节　计算机效果图设计

随着社会的进步，要求设计师具有掌握操作计算机的能力。虽然计算机绘图存在着一定的局限性，但也是具有其自身的不可替代的优势，在具体的设计应用中应该扬长避短。

一、计算机软件的应用

常用计算机鞋图设计软件有：Photoshop、Adobe Illustrator 和 CorelDRAW。计算机设计软件的特点表现在绘制与素描效果、仿效与造型更改、配色与效果处理以及利用本软件的内在功能进行鞋样平面开板等特殊应用。

1.Photoshop 的专长在于图像处理，而不是图形创作。图像处理是对已有的位图图像进行编辑加工处理以及运用一些特殊效果，其重点在于对图像的处理加工上。图形创作软件是按照自己的构思创意，使用矢量图形来设计图形。

2.Adobe Illustrator 是出版、多媒体和在线图像的工业标准矢量插画软件。其操作功能强大的矢量绘图立体感强烈，还具集成文字处理、上色等功能。

3.CorelDRAW 界面设计较好，空间广阔，操作精微细致。它提供了设计者一整套的绘图工具，包括圆形、矩形、多边形、方格、螺旋线等，并配合塑形工具对各种基本图形作出更多的变化，如圆角、弧、矩形、扇形、星形等。同时也提供了特殊笔刷，如压力笔、书写笔、喷洒器等。具有处理信息量大、随机控制能力高的特点，能轻松应对创意图形设计项目。

颜色是美术设计的视觉传达重点，CorelDRAW 的实色填充提供了各种模式的调色方案以及专色的应用、渐变、图纹、材质、网格的填充，颜色变化与操作方式更是别的软件都不能比的。

二、计算机绘图设计

1.计算机通常使用鼠标输入，而用笔绘画具有一定的节奏感和韵律感。笔是多数人能够灵活驾驭的传统工具，笔的线条能够产生自然流畅的节奏感。

2.计算机在造型绘图上显得速度慢，不利于抓住稍纵即逝的灵感。而手绘具有速度快、方便的特点。所以我们应该各取所长，使用合适的方法来完成效果图。在设计中采用多种手段，可以先完成手绘图，再通过扫描仪扫描到计算机里，然后通过专业 CDR、AI、PS 等设计软件来对其进行修改、复制、选色、着色、渲染等，直到产生理想的效果图。

3.计算机绘图和手工绘图有各自的绘制方法与优缺点，应该兼容而不是拒绝某一种方法。手绘锻炼了造型能力，但手工绘制特别是色彩设计，既花时间又显单调。计算机绘图的色彩丰富，效果逼真。将计算机绘图和手工绘图结合使用，既保持手工绘图的线条趣味形式，又能突出色彩的装饰，形成逼真的立体效果。

三、计算机效果图案例

1.低帮滑板鞋（PS 软件设计效果）

图 4-14　低帮滑板鞋电脑效果图

2.休闲运动鞋（PS 软件设计效果）

图 4-15　休闲运动鞋电脑效果图

3.篮球运动鞋（PS 软件设计效果）

图 4-16　篮球运动鞋电脑效果图

4.网跑运动鞋（AI 软件设计效果）

图 4-17　网跑运动鞋电脑效果图

5.高帮滑板鞋（CDR 软件设计效果）

图 4-18　高帮滑板鞋电脑效果图

第五章　脚型与运动鞋设计

学习运动鞋的设计需要对人体的生理规律进行研究和分析，在鞋设计过程中要了解和掌握所选用的材料在不同季节和不同温度下对鞋的影响，以及在适用功能的控制和选择上的一些区别，只有这样才能设计出既符合运动规律和人的生理特征，又能体现材料特性的优质运动鞋。

第一节　人体足部结构

一、温度调节

人体在神经系统的调节下，一方面产生热量，一方面又可以把过多的热量排出，通过皮肤的出汗和皮下血管的扩张，排出多余的热量。我们都知道人体的正常体温是36.5℃，据医学资料显示，人体向外散发热量的8%是经过皮肤排出的。外界温度在14℃～16℃时，脚部皮肤温度在20℃～30℃之间，当外界温度下降时，脚部皮肤温度也会随之下降，长时间在−10℃以下的环境中生活，脚易冻伤。

二、呼吸功能

脚部皮肤与人体其他部位的皮肤一样，也具有呼吸和排出CO_2的功能，随着周围环境温度的升高或降低，CO_2的排出量也会增加或减少。在温度为33℃时，CO_2的排出量是0.5mg/h；在温度为38.5℃时，是1.2mg/h。

生理现象表明，脚在不同的温度下会影响汗液的排泄和血液的循环，说明了脚温的差异与外界的温度有密切的联系，排泄功能的作用是影响人体健康的关键因素。通过鞋来调节脚外温度用以保护脚的生理需求是一种很好的措施，同时也是保护生理机能的工具。在设计鞋时，可根据不同的季节，设计开发适应季节的鞋品，材料的设计应具有散热和积热的功能。

三、分泌汗液

人体在运动或劳动的过程中，由于人体的血液循环加快，会使身体各部位的热量增加，从而产生汗液并排出体外。汗液的排泄是通过汗腺排出体外的，使人体内的温度下降和血液循环减少至正常的生理状态。人体的新陈代谢的分泌和排泄功能与人的年龄和健康有很大的关系，青少年分泌较多，老年人的汗液较少。汗腺在人脚上的分布是不均匀的，脚跟和跖指部位密度最大（1cm²/约300～350个汗腺），而外踝及后跟部位密度较小（1cm²/约100～200个汗腺），所以脚心与前掌出汗较多，内外踝、后踝及脚背出汗较少。通过对汗腺的分析，我们在鞋的设计中对选择的材料及鞋的结构等方面都要注意透气性、透湿性和恒温性等因素。

四、脚的外形

人体下肢的主要功能是支持体重和运动，人体下肢的构成是由大腿、小腿和足三部分组成。人们将脚腕以下的部位统称为"脚"，主要包括脚趾、跖趾关节、脚背、腰窝、脚弯、踝骨、脚后跟、脚底、脚心、脚腕等几部分。

1. 脚趾：脚趾在脚的最前端，能灵活地运动。脚本身就有一定的自然跷度，在不负重悬空的自然状态中，有跖趾部位向前脚趾自然弯曲，与较低平面构成一定角度，这个角度大约在15°左右。所以，在鞋楦的设计及成品鞋中都应有一定的跷度，这样人们在行走时，鞋趾部位弯曲就小，鞋帮皱褶相对小，同时，鞋前脚磨损也小些。人在行走时，脚趾在鞋内的活动比较复杂，有向前移动的动作，也有向下蹬地的动作，还有向两侧活动的动作。因此，在鞋楦设计时，鞋的前部（包括长度、宽度、高度）都应有足够的活动空间。

2. 跖趾关节：跖趾关节是脚趾与脚跖骨所形成的关节。拇趾与脚内怀的第一跖骨组的关节叫第一跖趾关节，小趾与脚外踝的第五趾骨组成的关节叫第五跖趾关节，跖趾部位是较为重要的部分。立趾时，它是人体体重的主要受力部位之一，运动时，人体重心移到脚的前掌，人体的大部分重量移到跖趾关节部位，因此，它是脚的主要受力部位。设计鞋楦时，对这部分的安排及尺寸设计（包括围度、宽度、高度）的确最为重要。

3. 脚背：也叫脚面。这部分的组成主要是由脚的跖骨与距骨组成，因此也叫跗骨。鞋楦造型设计时，楦背太高，鞋不跟脚，楦背太低则压着脚背，所以鞋楦造型设计其设计参数的高低与人体脚型规律和帮样结构设计有很大关系。

4. 腰窝：腰窝在脚背两侧，内侧为里腰窝，外侧为外腰窝。里腰窝呈凹形状，十分圆滑，鞋楦设计时，在工艺允许的条件下，鞋楦里腰窝安排尽量接近脚型，能更好地包住和托住脚里腰窝和脚。外腰窝处有一明显的凸起，是第五跖趾后粗隆点，它是脚型直到外腰窝的标志点，同时也是测量鞋楦跗骨围长的标志点。

5. 脚弯：脚弯在脚背与小腿之间的拐弯处，在脚型测量脚兜跟围长的时候要通过此处。在设计半筒靴楦、高筒靴楦时，其兜跟围长必须大于脚兜跟的围长，过小穿脱困难，甚至磨脚弯，过大则不跟脚。设计其他鞋时，其鞋帮样的总长度必须控制在此处之前，否则行走或下蹲时，鞋弯处会磨脚。

6. 踝骨：脚的踝骨有里外之分，里踝骨的组成是由小腿内侧的胫骨下端构成，而外踝骨则由脚外侧的腓骨下端构成，外踝骨高度比里踝骨高度低。所以，在设计除高跟腰鞋、半筒靴、高筒靴以外的其他鞋时，其后帮的高度必须低于脚外踝高度。否则，鞋帮外踝部位将磨脚外踝部位，如材质较硬、较厚的塑料凉鞋和皮鞋尤为严重。

7. 脚后跟：脚后跟两侧肌肉十分圆滑饱满，特别是站立时，人体重量的三分之一到一半都在脚后跟部位，此时，脚后跟两侧的肌肉更向外涨出。因此，在设计鞋楦时，这部分的肉体应该安排得饱满、圆滑，同时肉体最多的部位也必须与该部位脚型吻合，否则，肉体安排不够饱满或肉体安排不恰当，都会造成鞋后帮敞口和磨脚。当然，肉体安排也不宜过大，不然鞋会不跟脚。脚后跟最突出的部位是后跟突度点。鞋楦后跟突度点大小及高度也应与脚型吻合，不然鞋也会磨脚和不跟脚。

8. 脚底：脚底包括前掌、脚心和踵心部位。前掌是由脚跖趾部位及脚趾的下部组成，虽然凹凸不平，但还是有其规律性可以掌握的。脚的第一跖趾部位及第五跖趾部位下部肌肉饱满，凸度较大。第二、三跖趾部位下部则较严，甚至有点下凹。因此在设计运动鞋楦时，很难做到这部分的肉体安排与脚型一致。但鞋楦在这一特征部位的凸度（前掌凸度）不宜过大，不然容易造成脚前弓下塌。

9. 脚心：在脚底中部，呈凹状，不同的人的脚心凹度不一样，同一个人在脚后跟的高度发生变化时，其脚心的凹度也不一样。运动鞋鞋楦设计中，其脚心凹度有一定的规律性，脚心凹度将随鞋后跟的高度变化而变化。在设计鞋楦、鞋的内部结构时，必须强调鞋楦的脚心凹度符合脚型，鞋的内底设计采用垫心托住脚心，这样才会使人体的重心在运动的过程中通过脚心而分散到脚的其他部分，脚底的各特征部位受力均匀，使脚在长时间的运动中也不易产生疲劳。

10. 脚腕：脚腕是小腿最细的部位。这一部位对于运动鞋的设计来说，主要在于体现运动鞋的时装性和艺术性进行设计，需要对运动鞋设计的理念更新，把时尚文化与运动相结合，从不同的角度进行参考，突破传统的设计格局，把时尚、流行等元素揉进设计当中，充分体现创新设计的新理念。

11. 腿肚：腿肚是小腿最粗的部位。腿肚围长及腿肚高是半筒靴设计的依据之一。半筒靴的高度设计一般比腿肚的高度低一些。在设计运动鞋的时候，可以把鞋的高度适当地根据设计的思路和服饰的搭配进行综合性的考量。

第二节　脚型测量与设计

一、脚型测量的意义

鞋的生产都离不开鞋楦，而鞋楦的造型设计必须以脚型为基础。虽然每只脚都是由26块骨骼和肌肉、韧带、血管、神经、皮肤等构成，这是脚的共性。但每只脚也有其个性，因为区域、气候、生活习惯等各不相同，所以脚型差异较大。脚型测量的主要目的是从实际出发，通过测量数据统计分析不同地区、不同性别、不同年龄的人脚型特征部位的共同特点和变化规律。作为研究鞋楦造型、制定鞋楦系列标准的依据，同时也为帮样结构设计、货号搭配提供参考依据。

二、测量姿势

人脚是由骨骼、肌肉、血管、皮肤等构成的松软有机体，脚在不同状态下，其尺寸变化较大。人在静坐、抬腿、站立、运动等不同姿势下，脚的同一部位所测得的尺寸亦不相同，选择正确的测量姿势是十分重要的。人们穿鞋是为了美观和保护脚不受到外界的伤害，因此，鞋楦、鞋款式的设计尺寸应该考虑在劳动和工作状态时的需要。而站立测量，不仅稳定，易于操作，也接近运动时的尺寸，所以是测量人脚尺寸的最佳姿势。

三、测量方式

脚型测量方法可分为非接触式测量和接触式测量两大类。非接触式测量是采用激光扫描仪进行监测，其原理是通过投影网络获取脚底的标准信息和三维网测量信息，然后由计算机进行数字图像技术处理，得到脚的相关数据，测量一只脚约为 30 秒。

接触式测量方法最为简单，是用尺直接测量脚的尺寸，通过脚站立时所取得脚印和各特征部位数据处理所得。另一种测量方法是用软质带尺、钢卷尺、画线笔等工具按拟定的方案进行。

四、测量部位

脚是一个很不规则的曲面实体，要测量的点非常多，测量部位的选择必须根据鞋楦设计、制鞋和穿鞋的实际需要，选择对穿着影响最大的主要特征部位进行测量，以达到经济实用的目的。由于鞋在穿着过程中，一般都在人体下肢膝盖以下，因此，测量时应以膝盖以下的脚型特征部位为主，依据鞋的款式对各特征部位进行测量和定位。

1. 跖趾围长：围绕第一至第五跖趾关节突点叫跖趾围长，简称跖围。这一部位处于脚的最宽处，因此是决定脚肥瘦的主要标志。第一跖趾到第五跖趾部位的宽度称为楦底斜宽，楦底斜宽是决定脚肥瘦的主要标志，是设计鞋楦、鞋底、制鞋和穿鞋最重要的尺寸。

2. 前跗骨围长：围绕脚的前跗骨突点测量的围长叫前跗骨围长，简称跗围。它是决定脚肤面大小的一个重要尺寸，脚的肌肉基本都在这一部分上。如果楦的跗围尺寸设计过小，就会造成鞋面压脚背，反之楦的跗围过大时，会使脚前冲，造成鞋不跟脚。另外，跗围这一特征部位也会影响鞋的整体造型。所以跗围尺寸把握的是否准确，对楦型设计和鞋帮设计会起到很大的影响。

3. 舟上弯点与后跟围长：围绕舟上弯点和后跟测量的围长叫舟上弯点与后跟围长，简称兜跟围长或兜围。这一特征部位的测量主要是设计高帮鞋不可缺少的控制尺寸，兜围大了会不跟脚而且会浪费材料，小了脚会穿不下。

4. 脚腕围长：围绕脚腕最细处测量的围长叫脚腕围长，主要用于高帮鞋设计的控制数据测量。

5. 腿肚围长：围绕腿肚最粗处测量的围长叫腿肚围长，主要用于马靴、高筒靴设计的控制数据测量。

6. 外踝骨高度：外踝骨下缘点至脚底着地面的垂直距离叫作外踝骨高度，主要用于低帮鞋的设计，后帮必

须低于脚外踝高度，否则，鞋帮会磨脚外踝部位。

7. 后跟突点高度：脚后跟突点至脚底着地面的垂直距离叫后跟突点高度，主要作用于鞋楦设计的测量数据。

8. 舟上弯点高度：舟上弯点至脚底着地面的垂直距离叫舟上弯点高度。在设计旅游鞋时应把握好此高度。对于成鞋的造型设计也有重要的意义，鞋脸总长的控制参数和特征部位不宜过长。

9. 第一跖趾关节高度：脚的第一跖趾关节最高点至脚底着地面的垂直距离，这一特征部位的参数控制将影响脚的跖围技术参数，是造型设计和结构设计中影响成品鞋整体造型的重要因素。

10. 拇趾高度：指脚拇趾甲最高处至脚底着地面的垂直距离，也就是鞋楦的头厚高度控制参数，对楦体头部造型有重要的作用和影响，是影响成鞋楦体头部造型的重要依据。

第三节　鞋与楦的设计关系

一、脚和楦的关系

（一）前跷和后跷

1. 前跷：鞋楦的跷高，是指楦底前端点在基础坐标里的高度。

人脚在不负重悬空状态下，由跖部位向前至脚趾部位会自然跷起，与脚底平面形成一定角度。根据观测，该跷度大约为15°，这就是脚的自然跷度。因此鞋楦的前尖在设计时要有一定的前跷，以适应脚趾的结构特征，使人走路时变得轻松而不板脚。

根据脚的自然跷度，结合鞋的品种、结构式样以及材料等因素来看，各种鞋的前跷高也略有不同。穿着前跷高适当的鞋，走路轻快，不易疲劳，还可以减轻大底前尖的磨损和帮面弯曲处的皱褶。前跷过高将使前掌部位凸起；前跷过低，穿着不舒适，将会造成鞋底前端早期磨损，帮面打折过大。所以，绘制鞋图时要根据后跷的不同角度画出前跷。

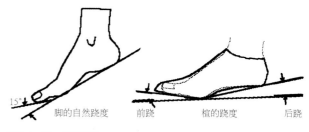

15°　脚的自然跷度　　前跷　　楦的跷度　　后跷

图 5-1　脚．楦的跷度

2．后跷：后跷是指从第五脚趾关节拐点到后帮端点的位置。后跷高度是指楦底后端点在基础坐标里的高度。

人在行走时，为了使脚的跖趾部位保持适当的弯曲角度，并维持人体的正常平衡，鞋要有一定高度的后跟。假设脚抬起的高度为50mm，而穿着鞋跟的高度为25mm时，由于鞋后跟高度减少了人体向上所需提起脚跟高度的一半，从而节省了人在行走时抬脚跟的能量，还可使人体重量分布于脚的各个部位，使人在行走或劳动时感到轻快。

当脚跟抬起时，以跖趾关节至脚跟为一边，其与地面所形成的夹角以10°为适宜。在此范围内，身体的大部分重量可以落在脚跟上，体重的少部分落在跖趾关节部位。上述夹角所对应的边，等于后跟高度。随着脚的长短变化，后跟的高度也有所增减。幼儿的鞋后跟以3~10mm为极限，小学生应为15mm以下，成年人以20~30mm为最佳高度。若超过此高度，上述角度就增大，人体的重量相应就会前移，导致人体的大部分重量移至跖趾关节部位来承担。这不仅会加剧跖趾部位的变形，站立或行走也会缺乏稳定感。

鞋楦的前跷高和后跷高是相协调的。在楦的后跷升高时，楦的前跷会随着降低，当楦的后跷降低时，前跷就会升高。但这并不是简单的杠杆作用，从一般规律来看，女鞋楦的后跷每升高10mm，前跷降低1mm左右，男鞋楦的后跷每升高5mm，前跷降低1mm左右。

（二）跖趾关节

跖趾关节是由脚趾骨和跖骨形成的关节，是脚里外怀较宽较突出的部位，俗称脚拐骨、脚骨岗。跖趾关节共有五个，自里怀向外怀依次为第一跖趾关节、第二跖趾关节、第三跖趾关节、第四跖趾关节、第五跖趾关节。处于特殊位置的是第一和第五跖趾关节。跖趾关节是脚底最宽的部位，因此测量脚宽、脚跖趾围以及确定脚的肥瘦型都与跖趾关节有关。人体在站立、行走、跑跳时，跖趾关节是脚的主要受力部位，也是活动时最频繁弯折的部位。因此鞋楦的跖趾部位在安排肉体造型时要圆滑饱满，使鞋穿在脚上既不空旷又不勒脚，只是轻度地抱住脚的跖趾关节，以满足穿着时既合脚又不影响活动的要求。

（三）跗背

跗背也叫脚背、脚跗背。脚背呈现弓形状态，起着传递人体重量的作用。自脚的跖趾关节起向后逐渐加厚，特别是在第一跖骨后端，有一明显凸起部位，叫前跗骨突点。在设计鞋口轮廓线时，口门位置很关键。如果口门位置太靠后，使鞋口轮廓线变小，前跗骨就不能顺利穿入鞋内。同样，鞋内腔高度不够时，就会压迫脚背，甚至无法穿入。

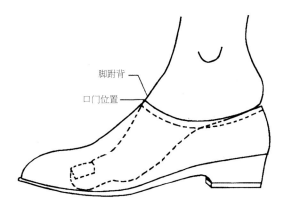

图5-2　脚背与鞋的口门位置

（四）后跟

脚后跟在脚的最后端，有着圆滑的肉体，脚后跟是支撑人体重量的主要受力部位。当人在赤脚站立时，脚后跟支撑人体重量的50%以上。随着脚后跟的抬高，后跟受力逐渐减少，而前掌受力逐渐增加。鞋楦后跟底面不应是一个简单的平面，而应是一个略有凸起的曲面，以便和脚后跟的凸起相适应，这样在穿鞋时会增加接触面积，分散压力，增加舒适感。应当注意到楦的后跟弧曲线与脚的后跟弧曲线明显不同，出于美化的需要，鞋楦后跟弧曲线是一条光滑的曲线。曲线上端向前倾斜，便于鞋口抱脚。还应注意到，楦的后跟侧面与地面相交后得到一条明显的楦底摆线，而在脚上都是圆滑肉体。

在设计鞋帮时，脚后跟也叫后帮。后帮中缝的高度很关键，过高时会"啃"脚后跟，过矮时又挂不住鞋。一般情况下，设计中缝高度时以脚的后跟骨上沿点为基准，成鞋的后帮中缝高度控制在脚的后跟骨上沿点以上4~5mm。

（五）脚踝骨

脚踝骨有里踝骨和外踝骨的区别。踝骨是由小腿骨和脚骨形成的两个踝关节，小腿内侧胫骨与脚距骨形成的是里踝关节，小腿外怀腓骨与脚距骨形成的是外踝关节。踝关节的外侧是小腿骨下端，故也叫里外踝骨。外踝骨的位置与里踝骨相比较要靠下和靠后，在设计鞋帮时，一般以外踝骨中心下沿点为特征部位，鞋帮高度处于外踝骨中心下沿点之下时，便不会出现磨脚踝骨的现象。

（六）腰窝、脚心和前脚掌

腰窝位于脚掌中心间的两侧，也叫中腰，里怀一侧为里腰窝，外怀一侧为外腰窝。里腰窝为凹陷的形状，足弓很突出。外腰窝一侧有一明显凸起，叫第五跖骨粗隆点，它是外腰窝的标志点，也是测量外跗围的标志点。由于外腰窝部位轮廓线比里腰窝明显，所以第五跖骨粗隆点也是设计帮底部件时常用的设计点。腰窝部位从整体上看比较稳定，又略向内凹陷，所以常用来设计断帮余量。

脚心在脚底的中部，顺着两腰在脚底凹陷处能找到脚心。在脚后跟抬高时，起着传递人体重力的脚背会形成紧张状态，使得脚底收缩，底心凹度加大。因此在设计高跟楦和平跟楦时，它们的楦底凹度是不同的。楦底凹度适当，便会使鞋底托住脚心，增加受力面积，走路平稳，脚感舒适。如果脚心部位在鞋里得不到支撑，重力只好分担在脚跟和跖趾关节两处，这种穿鞋状态会引起疲劳脚痛，很不舒服。鞋楦跟越高时，底心凹度会越大。

前脚掌位于跖趾关节的底面。外表上看是凸凹不同的曲面，但在鞋楦前掌的底面上，却是平整光滑略有凸起的曲面。因为当脚前掌受力时，脚掌上的肌肉、脂肪会受到挤压，把楦前掌设计成凸弧时，鞋腔内便会产生容纳这些肌肉和脂肪的凹弧，从而使脚感觉舒适。这里要注意的是，鞋腔内凹弧过大时，会造成脚的前横弓下塌，形成反向弓形结构，破坏脚的正常生理机能，这是万万不可取的。

（七）脚与楦的基本宽度

基本宽度 = 第一跖趾里宽 + 第五跖趾外宽（楦底），系数为40.30%跖围。在已知跖趾围长的基础上，如果基本宽度过宽了，将会导致楦体相应部位的上部扁塌，跖趾关节部位就会产生压脚现象；如果基本宽度不是应有的宽度，就会造成夹脚。因此在设计鞋楦的跖趾部位的宽度和围度时，除考虑到接近于脚型之外，还应结合品种、用途、后跟的高度等因素。根据脚型测量，后跟垫高25mm时，跖趾直宽比后跟不垫高的楦减少了1~2mm。所以跟高的楦基长宽度要小于跟低的。比如跟高80mm的女浅口鞋的基本宽度为75.1mm，而跟高20mm的女浅口鞋的基本宽度为78.9mm，前者减少了3.8mm。所以，高跟鞋比矮跟鞋的宽度要小。

（八）脚与楦的重心宽度

脚的重心部位是人体重量和劳动负荷的主要承受部位。人在站立时，脚的重心两侧肌肉要有所膨胀，所以楦的重心部位要稍大于脚的重心部位。即脚的重心部位在鞋内有一定的间隙，使脚的重心部位既不受挤压又不左右移动。

二、鞋与楦的关系

鞋的造型主要由三个要素组成：鞋楦（提供基本造型）、鞋帮、鞋底。

鞋楦是鞋类生产和设计必须使用的母型，作为鞋的母体的鞋楦是以脚型为基础的，是在脚型的基础上根据市场流行和生产需要制作的母型。鞋楦既是鞋的母体，又是鞋的成型模具。

鞋楦设计必须以脚型规律为依据，但又不能与脚型完全一样，鞋楦决定着鞋能否穿着舒适。鞋楦的设计包括：楦体头式、肉头安排、楦底样设计。

（一）鞋楦的设计：鞋的内形

鞋楦是用来将鞋的内部进行定型的，因此它的设计是贴合得是否完美的关键。鞋楦不单是鞋的形状，它的设计融合了众多的科学知识。诸如足部能自然弯曲，趾尖需要充分的空间等。因此，鞋楦的设计不只是静态的打造模型，而且还包括要保持后跟固定，使趾尖不要向前滑动而顶住鞋面，使小趾不受任何压力等多项复杂工作。

（二）鞋楦：不同的设计

鞋楦的型是随着足形的尺寸（长度）发生变化的。为了更好地理解鞋楦设计的理念，我们要先弄清楚后跟、中足和前足这三个部分的作用，这对评估一双运动鞋的贴合度是非常重要的。

1. 后跟设计

在鞋楦设计中，后跟的形态和尺寸都要窄一些。这一设计是为了固定跟骨并使后跟不至于左右移动或前后倾斜。固定后跟这一方法是保持所有足骨自然排列和减少伸长最主要的方法。工艺上称这种方法为"后跟锁定"。通过增加接触面积从而增加摩擦力，这样就能固定后跟，而不必让脚被包裹得过紧。

2. 中足设计

中足部分是用来吸收运动时的震动并分散身体向下传递的力。脚掌下压就是跟骨的横向旋转并伴随中段脚弓纵骨的挤压。如果过度的脚掌下压将会导致足部的伸长，并使人的足骨处于不自然的排列状态，使得后跟打滑和疲劳，容易造成肌肉和韧带的拉伤。这些负面影响将随着负载重量的增加和行走路程的增长而进一步恶化。

鞋楦设计要有效地减少脚掌过度下压的情况，为此要根据人体工程学和解剖学来设计鞋楦的形状。为了使鞋楦更好地贴合脚弓内侧，设计时要加大鞋楦脚弓处曲线的曲率，使鞋楦将足部所有的接触面（除了脚趾处）

都能柔软、平滑地贴合住。也就是说，运动鞋或运动靴有更多的接触面，更少的高压力接触点和更小的缝隙。

3. 前足设计

当中足和后跟都被很好的固定之后，前足的作用就是在一个恰当的位置进行弯曲，并提供充足的空间让脚趾完成诸如夹紧、放松、保持平衡等动作。此时，运动鞋或运动靴协调所有的脚趾一同弯折，这样能更有效地将能量从腿部通过足部传至地面。

鞋楦的前足设计要为脚趾处预留出充足的空间，使运动鞋在跖骨后部平滑处（拇趾球处的关节）进行弯折。正确的弯折点能保证更好的平衡控制，如果弯折处在跖骨的前部，足部就会向前滑动，直至找到正确的弯折处。因此正确的弯折处是后跟固定的重要前提之一。

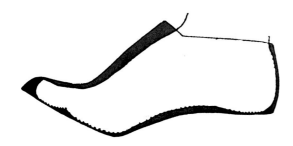

图 5-3　楦与脚大小形状不完全一样

运动鞋鞋楦的楦身造型不同于生活用鞋的楦型。按照脚型和运动的特殊要求，运动鞋楦分为标准楦、直楦、弯楦三种。楦头的变化决定了运动鞋的头型，楦头变化主要体现在前掌与前尖部位，前尖主要有四种基本形式：圆头式、方头式、尖头式、方圆头式。对于大众运动项目来说，圆头、方头、方圆头可以相互替换。但专业运动鞋楦头的头式变化与鞋的前尖受力、运动方向有关，应当根据运动项目的具体要求进行设计。

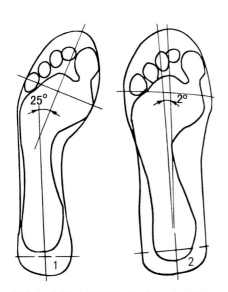

图 5-4　弯楦与直楦的比较（1-弯楦　2-直楦）

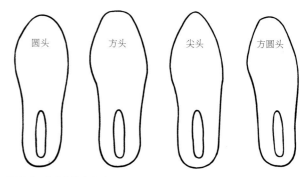

图 5-5　楦头的基本造型

楦型是鞋的胎具，它的造型也是根据流行趋势和生产而不断变化的。因此，鞋类设计师同时也是鞋楦设计师，不同造型的鞋楦体现了不同鞋的风格，鞋楦不仅决定着鞋的造型和式样，而且还具有一定的审美因素，更重要的是它决定着鞋能否穿着舒适。因此，鞋楦设计必须以脚型为基础。

鞋帮是鞋的门面，一种楦型确定下来后，鞋款的变化主要在于鞋帮。鞋帮的造型款式和结构安排受到楦型的制约和影响，帮面是鞋类设计中一个重要的表现平台。

鞋底处于鞋的底部，其对造型所起的作用和效果却不能轻视，它与鞋帮造型同等重要，两者相辅相成，鞋底造型随着楦型和帮面款式变化而变化。

鞋底设计从鞋底的厚度、底面墙的厚度、底花纹等方面进行。一款鞋设计得是否合理，往往要看鞋底造型、帮面款式、帮面材料和颜色是否和谐统一。鞋底造型烘托了鞋子的整体效果，并且使鞋子更加舒适。

第六章　运动鞋工艺图设计案例

鞋的款式千变万化，部件形状各异，每款鞋部件片数的多少也不一样。所以，在对鞋的设计和生产过程中，将采用不同的工艺和对工艺要求的改变等方法来完成不同款式鞋的制作工作。

第一节　工艺规程设计与编制

一、工艺规程的内容与作用

1. 工艺规程技术文件的内容

工艺规程技术文件是指导鞋业生产的技术文件。它包括产品名称、楦型、规格、产量、销售对象、使用材料、部件加工装配工艺路线、各工序加工的技术质量要求和所采用的机械设备、模具、耗料定额以及产品工艺制作图等多项内容。

2. 编制工艺规程技术文件的依据与作用

（1）科学合理的工艺技术文件是在实践经验的基础上，依据工艺必要的相关理论和工艺技术及质量要求而制定的。

（2）按照工艺技术文件来管理和指导生产，可以保证产品质量，提高生产效率和经济效益。

（3）在生产管理中，投产前的原辅材料供应、生产设备的准备和调整、专用工装模具的制造、作业计划的编排和劳动力的组织调配以及生产成本的预算、产品质量检验等，都是以工艺技术文件为基准的。

3. 设计制定工艺规程技术文件的原则

（1）在一定的生产条件下，以最少的劳动力、最低的耗料和费用，按计划规定的速度，有序地加工和装配出符合标样及技术质量要求的成品。

（2）工艺规程首先要保证产品质量，同时要争取最好的经济效益。

二、要点与方法

1. 编制工艺规程技术文件的三大要点

（1）技术上的先进性：在制定工艺规程时，要了解国内外本行业工艺技术的发展，通过必要的工艺试验与试制，积极采用合适的先进工艺和装备。

（2）经济上的合理性：在一定生产条件下，可能会出现几种能保证产品技术质量要求的方案。要全面考虑经济上的合理性，并通过核算，优选经济上最合理的方案或工艺路线，使产品的能源、物资消耗、工时费用和成本达到最低。

（3）有良好的劳动条件：制定工艺规程时，要注意保证工人具有良好而安全的劳动条件。因此，在工艺流程中要尽量采用机械化和自动化措施，将工人从某些笨重繁杂或有害的体力劳动中解放出来。

2. 编制工艺规程技术文件的方法

（1）掌握过去已生产的类似产品的工艺规程和执行情况。

（2）掌握欲投产产品的实物标样和试制说明及试制基础样板。

（3）掌握原辅材料的质量状况。

（4）掌握车间生产条件、设备性能、工人技术水平及以往加工水平。

（5）掌握国内外工艺技术的发展状况，新投产产品需引进新工艺、新技术、新材料的条件。

（6）掌握订货合同对产品的要求。

3. 如何编制工艺技术文件

（1）分析标样部件结构，拟定工艺路线。

（2）分解标样部件的加工与装配，确定生产中利用设备的种类、工装模具的制作，制定各工序产品质量要求。

（3）确定各工序自检和专检的要求及检验方法，列出应控制的技术数据和部位公差。

（4）根据基础样板测算耗料定额。

（5）绘制工艺图，制作部件加工实物标样。

三、培训与指导

1. 鞋帮部件检验培训与指导

（1）鞋帮面检验包括面革厚度、色泽、粒面、绒面粗细、材质与部件搭配是否合理以及伤残使用情况。

（2）检验帮面材料主次部件的用料是否合理，帮件在上道工序中是否有操作伤等。

（3）检验中发现部件较薄、较软则必须在折边前加衬补强，片坏的部件必须剔除。对帮面、帮里部件要进行初步的检点、清理、配齐，避免不同尺码的部件混淆。

（4）帮部件的厚度随部件的功能、使用要求及产品质量要求的不同，而进行加工调整。

2. 成品鞋工艺质量检验培训与指导

（1）确认成品鞋的颜色与样鞋或生产工艺单是否相符，鞋头、后跟高度要一致，同一双鞋各部位颜色要相配，吊牌、标贴、价格的标示要按要求做好。

（2）不同款式和不同材质的运动鞋质量检验标准要参照不同的技术指标或不同客户的要求。

（3）注意检验鞋头高低、大小边、大底长短和颜色及色差等问题。成品鞋号码、吊牌号码及内盒号码须一致，如有不一致，禁止包装。一双成品鞋必须有左右脚，不能是同边鞋。

3. 影响缝合质量因素的培训与指导

（1）被缝物的强度、缝线强度、缝线结构、缝线道数和针码密度等都有影响缝合质量的因素。检验表明缝线道数增加，缝合撕裂强度也增大，应考虑缝线质量，确定缝线道数。针码密度增加，断线率降低，但针眼拉破率增大，影响缝线的质量。

（2）针码密度为 10 ～ 14 针 /20mm 时，缝合撕裂强度最大，因此要确定材质与针码密度间的关系。

第二节　休闲运动鞋工艺图设计

休闲运动鞋主要特色是以一种简单、舒适的设计理念，满足人们日常生活穿着的需求。休闲鞋的概念、内涵和功能与现代新生活的活动方式紧密相关。

一、侧视图、底花视图、鞋舌视图

图 6-1　侧视图

图 6-2　底花视图

图 6-3　鞋舌视图

二、部件设计图

			休闲运动鞋结构部件设计		

序号	部件名称	材料（纹理．颜色）	部件样板图
1	半面板	卡纸	
2	头里	反绒皮 (褐色)	
3	边里	反绒皮 (褐色)	
4	外头	牛绒皮 (黄褐色)	
5	护眼	TPU (深褐色)	
6	后上套	牛绒皮	
7	内头	牛绒皮	
8	饰片1	TPU (橙黄)	

9	饰片 2	TPU （银白）	
10	后头	牛绒皮 （深褐色）	
11	反口里	内里织布	
12	舌面	牛绒皮	
13	舌海绵	8mm 海绵	
14	舌里布	牛绒皮	
15	后衬	化学片	
16	前衬	热熔胶	
17	中底板	丽新布	

三、鞋帮缝制工艺规程设计

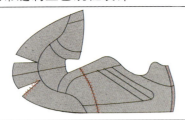

1. 前里布与后里布拼缝：头尾平齐，起止回 3 针，拼后不重叠，不裂开。

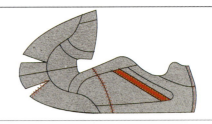

2. 车缝边饰片 1：对点盖线边距 1.2～1.5mm 车缝，起止回 3 针，盖位准确。

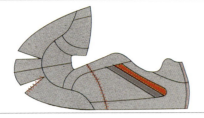

3. 车缝边饰片 2：对点盖线边距 1.2～1.5mm 车缝，起止回 3 针，盖位准确。

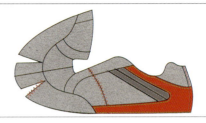

4. 车缝后方与前头和护眼连接：对点盖线边距 1.2～1.5mm 车缝，起止回 3 针，盖位准确。

5. 车缝护眼饰片：对点盖线 2mm 车缝，起止回 3 针，边距 1.5mm 针距 8～9 针／英寸，盖位准确，车缝后口门饰线对称。

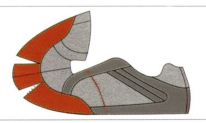

6. 车缝前头：前头要贴补强，对点盖线 2mm 车缝，起止回 3 针，边距 1.5mm 针距 8～9 针／英寸，盖位、翘度车准确，车缝后前头点内头中点对称。

7. 车缝海绵＋翻鞋舌：对接口要均匀。

8. 反接舌里布＋封舌口：舌面、舌里平齐车，起止回针，边距 3mm 转角顺中点对正。车缝后翻过来里布略向外翻 3mm，舌里下端边缘比舌面下端要长 4mm，按 4mm 边距缝合一条线，封口不爆开。

9. 对接固定鞋舌＋反车缝反口里＋包海绵：重封口接 U 字形，鞋舌接位 6mm，起止回 3 针，重针对针孔，接后鞋舌伸出领口最低处不可歪斜，牢固不脱落，顺领口弧度车缝，车缝线调紧调密，起止回 3 针，边距 3mm，口门两边高低一致，后里线头要压住，车缝后里布翻过来时（包海绵用力顶），以看不见车缝线为准。后海绵外圈要削 45°斜坡，包后海绵时要两面喷胶，胶水喷均匀，海绵伸出领口 6mm 翻过来拉紧贴平，下圈压死，包后里布向外翻 3mm，不欠胶，不起胶。

10. 封网脚：车缝整圈，从后方缺口起针按边距 8mm 车缝，后方缺口部分边距 3mm，车缝后，将用面料部分车线外的内里修剪干净。

第三节　运动跑鞋工艺图设计

运动跑鞋是根据人们参加运动或旅游的特点设计制造的。运动鞋的鞋底和普通皮鞋、胶鞋不同，一般都是柔软而富有弹性的，能起一定的缓冲作用。运动时能增强弹性，还能防止脚踝受伤。

一、加工部件设计与工艺编制

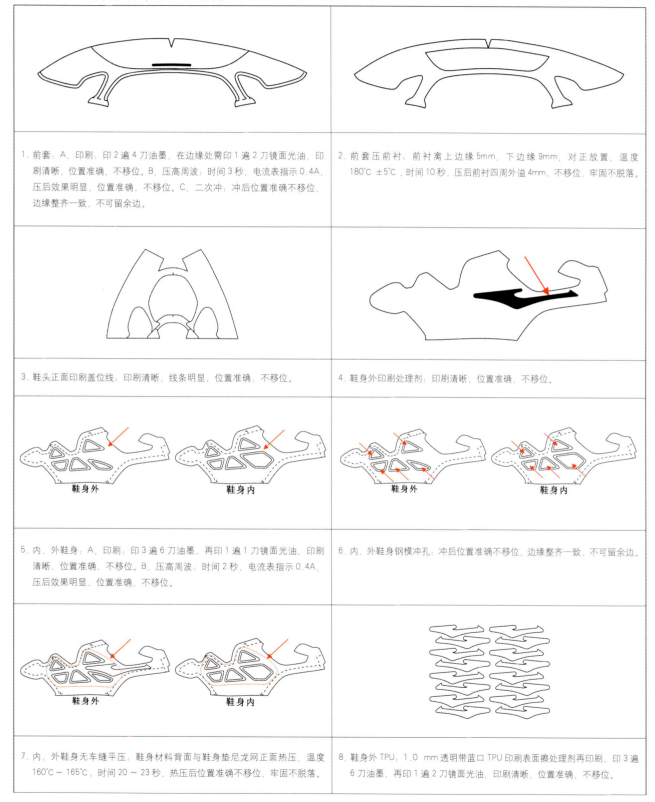

1.前套：A、印刷：印2遍4刀油墨，在边缘处需印1遍2刀镜面光油，印刷清晰，位置准确，不移位。B、压高周波：时间3秒，电流表指示0.4A，压后效果明显，位置准确，不移位。C、二次冲：冲后位置准确不移位，边缘整齐一致，不可留余边。

2.前套压前衬：前衬离上边缘5mm，下边缘9mm，对正放置，温度180℃±5℃，时间10秒，压后前衬四周外溢4mm，不移位，牢固不脱落。

3.鞋头正面印刷盖位线：印刷清晰，线条明显，位置准确，不移位。

4.鞋身外印刷处理剂：印刷清晰，位置准确，不移位。

5.内、外鞋身：A、印刷：印3遍6刀油墨，再印1遍1刀镜面光油，印刷清晰，位置准确，不移位。B、压高周波：时间2秒，电流表指示0.4A，压后效果明显，位置准确，不移位。

6.内、外鞋身钢模冲孔：冲后位置准确不移位，边缘整齐一致，不可留余边。

7.内、外鞋身无车缝平压：鞋身材料背面与鞋身垫尼龙网正面热压，温度160℃～165℃，时间20～23秒，热压后位置准确不移位，牢固不脱落。

8.鞋身外TPU：1.0 mm透明带蓝口TPU印刷表面擦处理剂再印刷，印3遍6刀油墨，再印1遍2刀镜面光油，印刷清晰，位置准确，不移位。

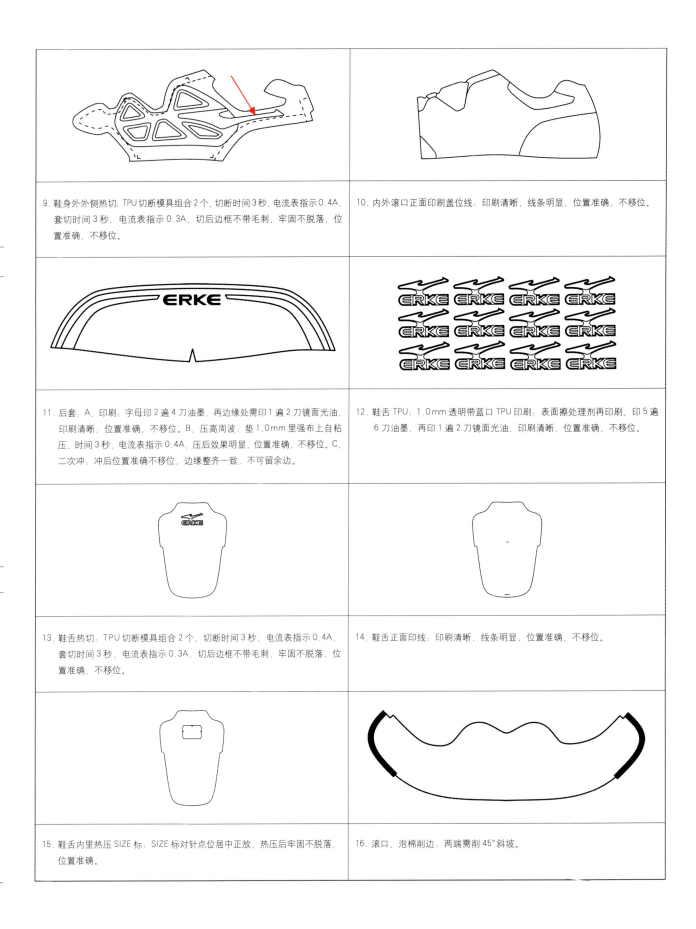

9. 鞋身外外侧热切：TPU切断模具组合2个，切断时间3秒，电流表指示0.4A，套切时间3秒，电流表指示0.3A，切后边框不带毛刺，牢固不脱落，位置准确，不移位。

10. 内外滚口正面印刷盖位线：印刷清晰，线条明显，位置准确，不移位。

11. 后套：A. 印刷：字母印2遍4刀油墨，再边缘处需印1遍2刀镜面光油，印刷清晰，位置准确，不移位。B. 压高周波：垫1.0mm里强布上自粘压，时间3秒，电流表指示0.4A，压后效果明显，位置准确，不移位。C. 二次冲：冲后位置准确不移位，边缘整齐一致，不可留余边。

12. 鞋舌TPU：1.0mm透明带蓝口TPU印刷：表面擦处理剂再印刷，印5遍6刀油墨，再印1遍2刀镜面光油，印刷清晰，位置准确，不移位。

13. 鞋舌热切：TPU切断模具组合2个，切断时间3秒，电流表指示0.4A，套切时间3秒，电流表指示0.3A，切后边框不带毛刺，牢固不脱落，位置准确，不移位。

14. 鞋舌正面印线：印刷清晰，线条明显，位置准确，不移位。

15. 鞋舌内里热压SIZE标：SIZE标对针点位居中正放，热压后牢固不脱落，位置准确。

16. 滚口：泡棉削边：两端需削45°斜坡。

二、鞋帮缝制工艺规程设计

图 6-4　运动跑鞋

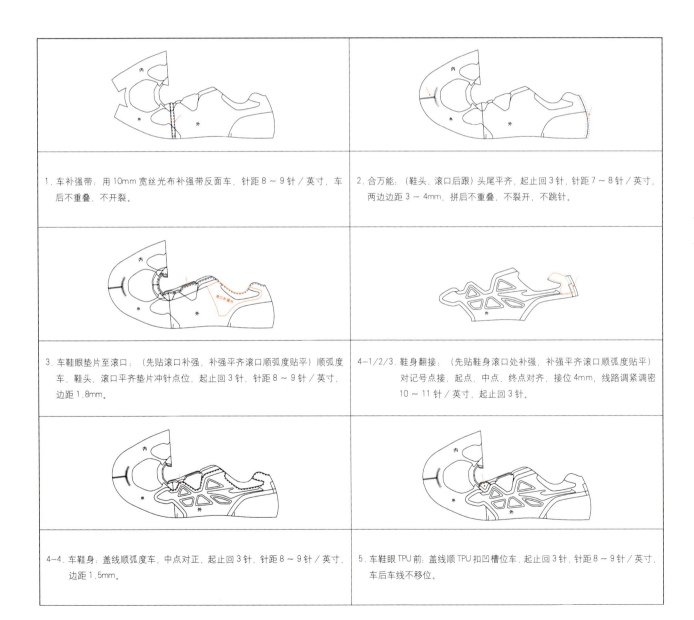

1. 车补强带：用 10mm 宽丝光布补强带反面车，针距 8～9 针／英寸，车后不重叠，不开裂。

2. 合万能：（鞋头、滚口后跟）头尾平齐，起止回 3 针，针距 7～8 针／英寸，两边边距 3～4mm，拼后不重叠，不裂开，不跳针。

3. 车鞋眼垫片至滚口：（先贴滚口补强，补强平齐滚口顺弧度贴平）顺弧度车，鞋头、滚口平齐垫片冲针点位，起止回 3 针，针距 8～9 针／英寸，边距 1.8mm。

4-1/2/3. 鞋身翻接：（先贴鞋身滚口处补强，补强平齐滚口顺弧度贴平）对记号点接，起点、中点、终点对齐，接位 4mm，线路调紧调密 10～11 针／英寸，起止回 3 针。

4-4. 车鞋身：盖线顺弧度车，中点对正，起止回 3 针，针距 8～9 针／英寸，边距 1.5mm。

5. 车鞋眼 TPU 前：盖线顺 TPU 扣凹槽位车，起止回 3 针，针距 8～9 针／英寸，车后车线不移位。

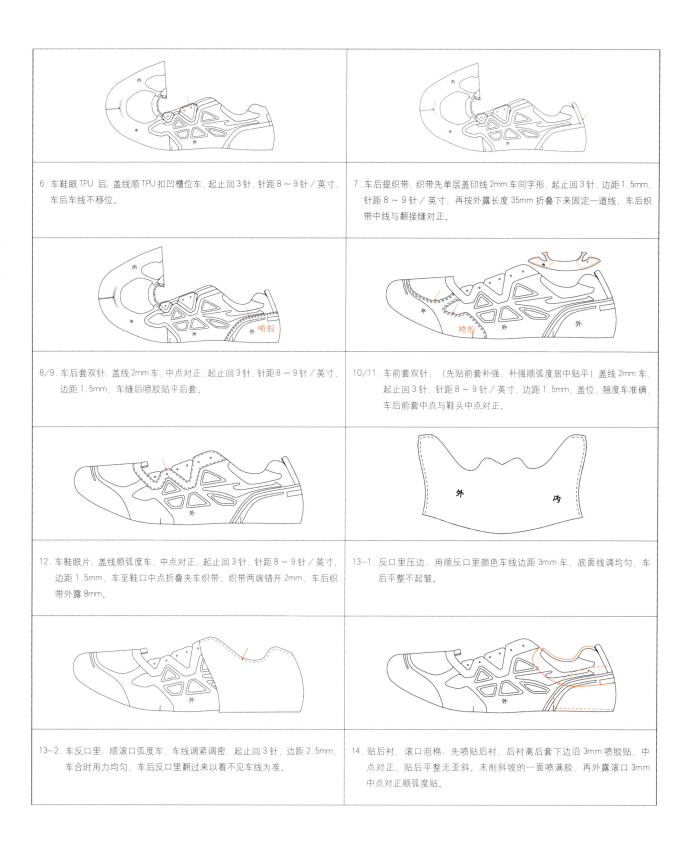

6. 车鞋眼TPU 后: 盖线顺TPU扣凹槽位车, 起止回3针, 针距8～9针／英寸, 车后车线不移位。

7. 车后提织带: 织带先单层盖印线2mm车同字形, 起止回3针, 边距1.5mm, 针距8～9针／英寸, 再按外露长度35mm折叠下来固定一道线, 车后织带中线与翻接缝对正。

8/9. 车后套双针: 盖线2mm车, 中点对正, 起止回3针, 针距8～9针／英寸, 边距1.5mm, 车缝后喷胶贴平后套。

10/11. 车前套双针: (先贴前套补强, 补强顺弧度居中贴平) 盖线2mm车, 起止回3针, 针距8～9针／英寸, 边距1.5mm, 盖位、翘度车准确, 车后前套中点与鞋头中点对正。

12. 车鞋眼片: 盖线顺弧度车, 中点对正, 起止回3针, 针距8～9针／英寸, 边距1.5mm, 车至鞋口中点折叠夹车织带, 织带两端错开2mm, 车后织带外露8mm。

13-1. 反口里压边: 用顺反口里颜色车线边距3mm车, 底面线调均匀, 车后平整不起皱。

13-2. 车反口里: 顺滚口弧度车, 车线调紧调密, 起止回3针, 边距2.5mm, 车合时用力均匀, 车后反口里翻过来以看不见车线为准。

14. 贴后衬, 滚口泡棉: 先喷贴后衬, 后衬离后套下边沿3mm喷胶贴, 中点对正, 贴后平整无歪斜。未削斜坡的一面喷满胶, 再外露滚口3mm中点对正顺弧度贴。

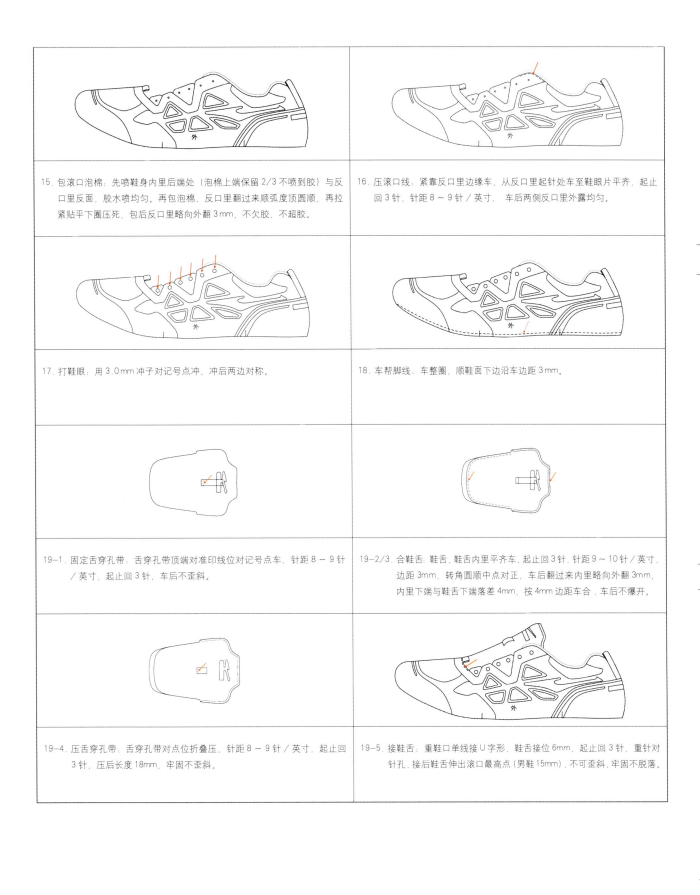

15. 包滚口泡棉：先喷鞋身内里后端处（泡棉上端保留2/3不喷到胶）与反口里反面，胶水喷均匀。再包泡棉，反口里翻过来顺弧度顶圆顺，再拉紧贴平下圈压死，包后反口里略向外翻3mm，不欠胶，不超胶。

16. 压滚口线：紧靠反口里边缘车，从反口里起针处车至鞋眼片平齐，起止回3针，针距8～9针／英寸，车后两侧反口里外露均匀。

17. 打鞋眼：用3.0mm冲子对记号点冲，冲后两边对称。

18. 车帮脚线：车整圈，顺鞋面下边沿车边距3mm。

19-1. 固定舌穿孔带：舌穿孔带顶端对准印线位对记号点车，针距8～9针／英寸，起止回3针，车后不歪斜。

19-2/3. 合鞋舌：鞋舌、鞋舌内里平齐车，起止回3针，针距9～10针／英寸，边距3mm，转角圆顺中点对正，车后翻过来内里略向外翻3mm，内里下端与鞋舌下端落差4mm，按4mm边距车合，车后不爆开。

19-4. 压舌穿孔带：舌穿孔带对点位折叠压，针距8～9针／英寸，起止回3针，压后长度18mm，牢固不歪斜。

19-5. 接鞋舌：重鞋口单线接U字形，鞋舌接位6mm，起止回3针，重针对针孔，接后鞋舌伸出滚口最高点（男鞋15mm），不可歪斜，牢固不脱落。

第四节　滑板运动鞋工艺图设计

滑板运动鞋几乎都是平底的，便于让脚能完全地平贴在滑板上。鞋底具有缓冲功能，鞋带有保护设计，防止磨断，鞋头需要很耐磨的材料，鞋舌厚，保护脚腕。其鞋垫、鞋跟、鞋内里都各有特点，都是为了更好地体现运动效果和更舒服的滑板感觉。

图 6-5　滑板运动鞋

一、加工部件设计与工艺编制

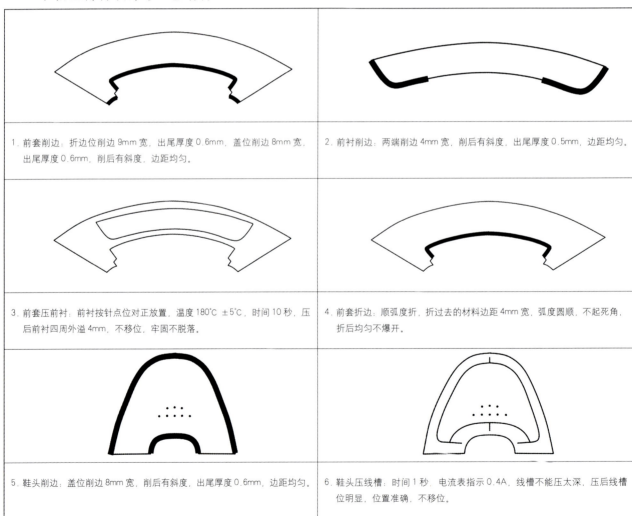

1. 前套削边：折边位削边 9mm 宽，出尾厚度 0.6mm，盖位削边 8mm 宽，出尾厚度 0.6mm，削后有斜度，边距均匀。

2. 前衬削边：两端削边 4mm 宽，削后有斜度，出尾厚度 0.5mm，边距均匀。

3. 前套压前衬：前衬按针点位对正放置，温度 180℃ ±5℃，时间 10 秒，压后前衬四周外溢 4mm，不移位，牢固不脱落。

4. 前套折边：顺弧度折，折过去的材料边距 4mm 宽，弧度圆顺，不起死角，折后均匀不爆开。

5. 鞋头削边：盖位削边 8mm 宽，削后有斜度，出尾厚度 0.6mm，边距均匀。

6. 鞋头压线槽：时间 1 秒，电流表指示 0.4A，线槽不能压太深，压后线槽位明显，位置准确，不移位。

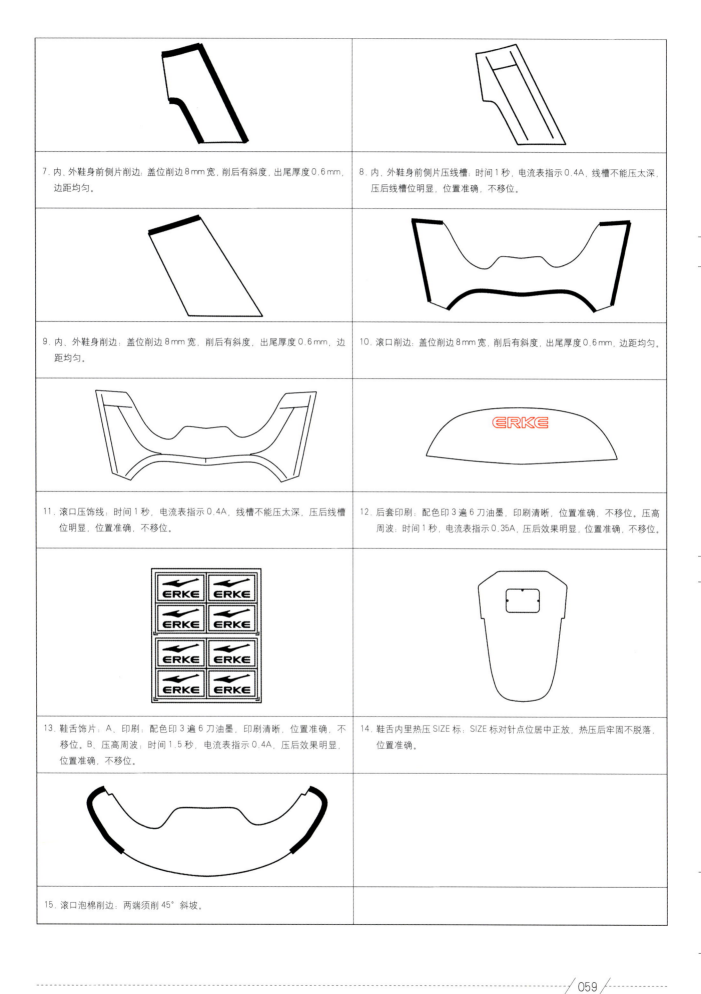

7. 内、外鞋身前侧片削边：盖位削边8mm宽，削后有斜度，出尾厚度0.6mm，边距均匀。

8. 内、外鞋身前侧片压线槽：时间1秒，电流表指示0.4A，线槽不能压太深，压后线槽位明显，位置准确，不移位。

9. 内、外鞋身削边：盖位削边8mm宽，削后有斜度，出尾厚度0.6mm，边距均匀。

10. 滚口削边：盖位削边8mm宽，削后有斜度，出尾厚度0.6mm，边距均匀。

11. 滚口压饰线：时间1秒，电流表指示0.4A，线槽不能压太深，压后线槽位明显，位置准确，不移位。

12. 后套印刷：配色印3遍6刀油墨，印刷清晰，位置准确，不移位。压高周波：时间1秒，电流表指示0.35A，压后效果明显，位置准确，不移位。

13. 鞋舌饰片：A、印刷：配色印3遍6刀油墨，印刷清晰，位置准确，不移位。B、压高周波：时间1.5秒，电流表指示0.4A，压后效果明显，位置准确，不移位。

14. 鞋舌内里热压SIZE标：SIZE标对针点位居中正放，热压后牢固不脱落，位置准确。

15. 滚口泡棉削边：两端须削45°斜坡。

二、鞋帮缝制工艺规程设计

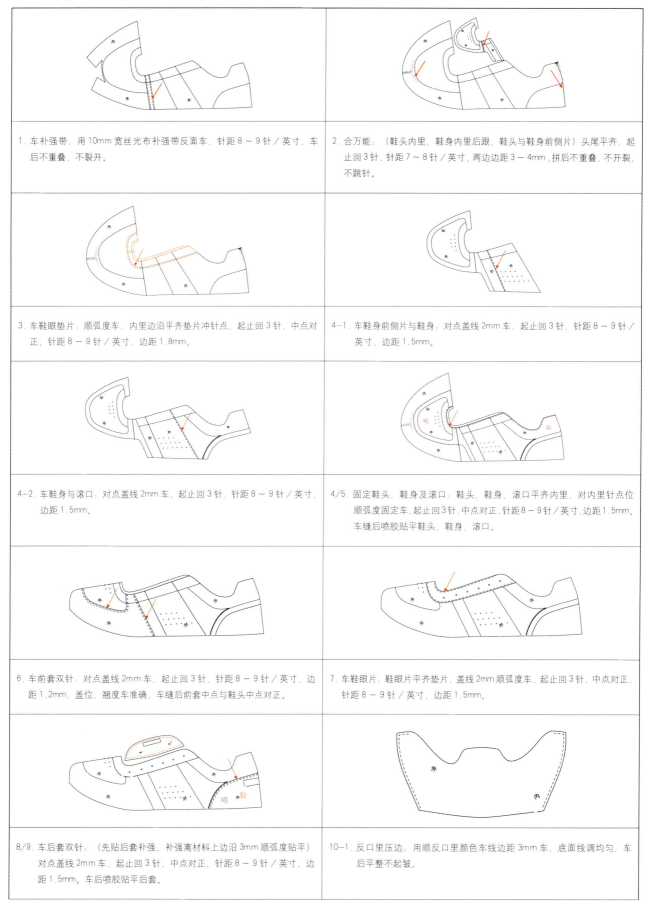

1. 车补强带：用10mm宽丝光布补强带反面车，针距8～9针／英寸，车后不重叠，不裂开。

2. 合万能：（鞋头内里、鞋身内里后跟、鞋头与鞋身前侧片）头尾平齐，起止回3针，针距7～8针／英寸，两边边距3～4mm，拼后不重叠，不开裂，不跳针。

3. 车鞋眼垫片：顺弧度车，内里边沿平齐垫片冲点，起止回3针，中点对正，针距8～9针／英寸，边距1.8mm。

4-1. 车鞋身前侧片与鞋身：对点盖线2mm车，起止回3针，针距8～9针／英寸，边距1.5mm。

4-2. 车鞋身与滚口：对点盖线2mm车，起止回3针，针距8～9针／英寸，边距1.5mm。

4/5. 固定鞋头、鞋身及滚口：鞋头、鞋身、滚口平齐内里，对内里针点位顺弧度固定车，起止回3针，中点对正，针距8～9针／英寸，边距1.5mm，车缝后喷胶贴平鞋头、鞋身、滚口。

6. 车前套双针：对点盖线2mm车，起止回3针，针距8～9针／英寸，边距1.2mm，盖位、翘度车准确，车缝后前套中点与鞋头中点对正。

7. 车鞋眼片：鞋眼片平齐垫片，盖线2mm顺弧度车，起止回3针，中点对正，针距8～9针／英寸，边距1.5mm。

8/9. 车后套双针：（先贴后套补强，补强离材料上边沿3mm顺弧度贴平）对点盖线2mm车，起止回3针，中点对正，针距8～9针／英寸，边距1.5mm。车后喷胶贴平后套。

10-1. 反口里压边：用顺反口里颜色车线边距3mm车，底面线调均匀，车后平整不起皱。

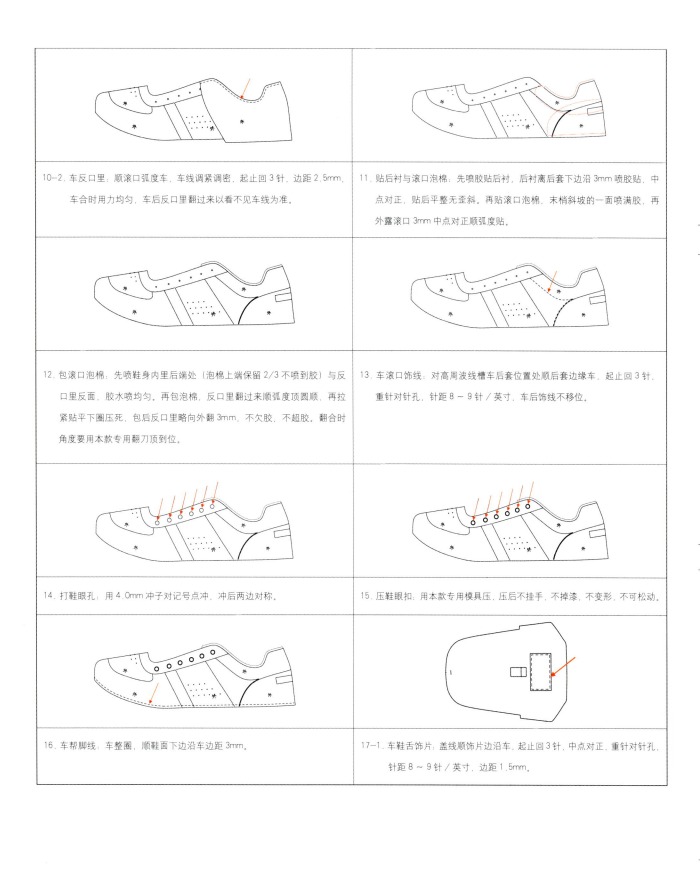

10-2. 车反口里：顺滚口弧度车，车线调紧调密，起止回 3 针，边距 2.5mm，车合时用力均匀，车后反口里翻过来以看不见车线为准。

11. 贴后衬与滚口泡棉：先喷胶贴后衬，后衬离后套下边沿 3mm 喷胶贴，中点对正，贴后平整无歪斜。再贴滚口泡棉，末梢斜坡的一面喷满胶，再外露滚口 3mm 中点对正顺弧度贴。

12. 包滚口泡棉：先喷鞋身内里后端处（泡棉上端保留 2/3 不喷到胶）与反口里反面，胶水喷均匀。再包泡棉，反口里翻过来顺弧度顶圆顺，再拉紧贴平下圈压死，包后反口里略向外翻 3mm，不欠胶，不超胶。翻合时角度要用本款专用翻刀顶到位。

13. 车滚口饰线：对高周波线槽车后套位置处顺后套边缘车，起止回 3 针，重针对针孔，针距 8～9 针／英寸，车后饰线不移位。

14. 打鞋眼孔：用 4.0mm 冲子对记号点冲，冲后两边对称。

15. 压鞋眼扣：用本款专用模具压，压后不挂手，不掉漆，不变形，不可松动。

16. 车帮脚线：车整圈，顺鞋面下边沿车边距 3mm。

17-1. 车鞋舌饰片：盖线顺饰片边沿车，起止回 3 针，中点对正，重针对针孔，针距 8～9 针／英寸，边距 1.5mm。

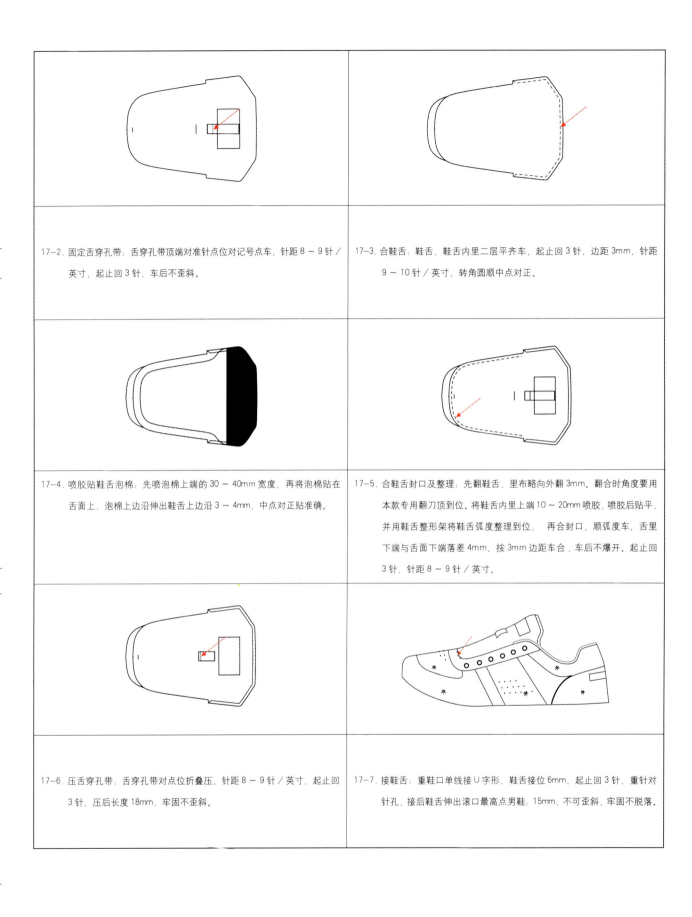

17-2. 固定舌穿孔带：舌穿孔带顶端对准针点位对记号点车，针距 8 ~ 9 针／英寸，起止回 3 针，车后不歪斜。

17-3. 合鞋舌：鞋舌、鞋舌内里二层平齐车，起止回 3 针，边距 3mm，针距 9 ~ 10 针／英寸，转角圆顺中点对正。

17-4. 喷胶贴鞋舌泡棉：先喷泡棉上端的 30 ~ 40mm 宽度，再将泡棉贴在舌面上，泡棉上边沿伸出鞋舌上边沿 3 ~ 4mm，中点对正贴准确。

17-5. 合鞋舌封口及整理：先翻鞋舌，里布略向外翻 3mm。翻合时角度要用本款专用翻刀顶到位。将鞋舌内里上端 10 ~ 20mm 喷胶，喷胶后贴平，并用鞋舌整形架将鞋舌弧度整理到位，再合封口，顺弧度车，舌里下端与舌面下端落差 4mm，按 3mm 边距车合，车后不爆开。起止回 3 针，针距 8 ~ 9 针／英寸。

17-6. 压舌穿孔带：舌穿孔带对点位折叠压，针距 8 ~ 9 针／英寸，起止回 3 针，压后长度 18mm，牢固不歪斜。

17-7. 接鞋舌：重鞋口单线接 U 字形，鞋舌接位 6mm，起止回 3 针，重针对针孔，接后鞋舌伸出滚口最高点男鞋：15mm，不可歪斜，牢固不脱落。

第五节 户外运动鞋工艺图设计

户外运动鞋作为特殊的运动鞋，应具有支撑、减震、防滑、防水及耐用的性能。鞋面部分通常采用紧缩的设计，鞋面的各个部分都可以与脚的表面紧密结合，这样既能使穿者感觉很舒服，又能较好地克服脚向四周分散力量，从而支持脚部垂直受力，达到增强支撑力的目的。

图 6-6 户外运动鞋侧视图

图 6-7 底花视图

图 6-8 鞋舌视图

一、加工部件设计与工艺编制

序号	部件名称	材料（纹理、颜色）	部件样板图
1	半面板	卡纸	
2	头里	三明治网布 （深灰）	
3	边里	三明治网布 （深灰）	
4	外头	高密度太空革 （黄色）	
5	护眼	高密度太空革 （黄色）	
6	边侧饰片	高密度太空革 （蜡笔绿青）	
7	后套	高密度太空革 （橙黄）	
8	后衬	化学片	

一、加工部件设计与工艺编制

9	领口海绵	12mm 海绵	
10	反口里	细泡泡布合 5MF+T/C	
11	前衬	热熔胶	
12	舌鼻	皮革	
13	鞋舌上片	皮革	
14	鞋舌下片	皮革	
15	舌海绵	8mm 海绵	
16	舌里布	细泡泡布合 5MF+T/C	
17	中底板	丽新布	

二、鞋帮缝制工艺规程设计

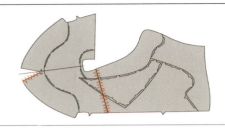

1. 前里布与后里布拼缝：头尾平齐，起止回 3 针，拼后不重叠，不开裂。

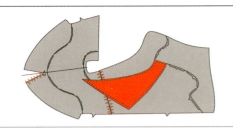

2. 边侧饰片与里布缝合：对点盖线 2mm 车缝，起止回 3 针，边距 1.5mm，针距 8 ~ 9 针／英寸，盖位准确，车缝后口门饰线对称。

3. 边侧饰片二与里布缝合：对点盖线 2mm 车缝，起止回 3 针，边距 1.5mm，针距 8 ~ 9 针／英寸，盖位准确，无歪斜。

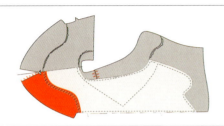

4. 前头缝合：前头要贴补强，对点盖线 2mm 车缝，起止回 3 针，边距 1.5mm 针距 8 ~ 9 针／英寸，盖位准确，车缝后口门饰线对称。

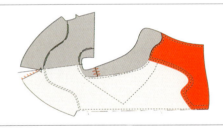

5. 车缝后套：后套要贴补强，对点盖线边距 1.2 ~ 1.5mm 车缝，起止回 3 针，盖位准确。

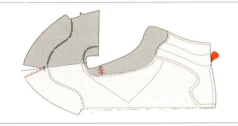

6. 车缝后织带：对点盖线边距 1.2 ~ 1.5mm 车缝，起止回 3 针，盖位准确。

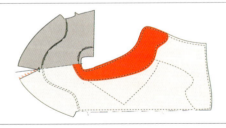

7. 车缝护眼：对点盖线边距 1.2 ~ 1.5mm 车缝，起止回 3 针，盖位准确。

8. 车缝鞋带扣＋假车线＋金属扣：对点盖线边距 1.2 ~ 1.5mm 车缝，起止回 3 针，盖位准确。

9. 车缝反口里：对点盖线 2mm 车缝，起止回 3 针，边距 1.5mm，针距 8 ~ 9 针／英寸，盖位、翘度车准确。

10. 舌鼻与舌下片缝合：对点盖线边距 1.2 ~ 1.5mm 车缝，起止回 3 针，盖位准确。

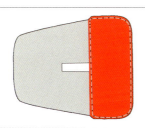	
11. 车缝舌上片与舌下片：对点盖线边距 1.2～1.5mm 车缝，起止回 3 针，盖位准确。	12. 反接舌里布＋翻鞋舌＋包海绵＋封舌口：舌面，舌里平齐车，起止回针，边距 3mm 转角顺中点对正，车缝后翻过来里布略向外翻 3mm，舌里下端边缘比舌面下端要长 4mm，按 4mm 边距合一条线，封口不爆开。

13. 对接固定鞋舌：重封口接 U 字形，鞋舌接位 6mm，起止回 3 针，重针对针孔，接后鞋舌伸出领口最低处不可歪斜，牢固不脱落。	14. 封网脚，车缝整圈，从后方缺口起针按边距 8mm 车缝，后方缺口部分边距 3mm，车缝后将用面料部分车线外的内里修剪干净。

第七章　运动鞋手绘设计案例

手绘效果图的技法可以把设计和表现融为一体，它是设计师完整地表达设计思想的最直接有效的表现方法，也是判断设计师水准最直接的依据。

第一节　儿童滑板运动鞋手绘设计

一、童鞋设计

童鞋设计首先要特别注意其安全性和舒适性两个方面的设计，而选择无毒、无害、无残留的材料和无污染的工艺是确保童鞋安全舒适的前提。在设计童鞋时，应有一定明显的前跷，以防止脚在行走中戳地。但随着年龄的增大，这个前跷应逐渐降低到合理高度。另外，童鞋的鞋跟不能过高，鞋底不能过厚和过硬，以免影响儿童的行走和脚的发育。目前，市面上相当一部分童鞋存在前跷过大，鞋底硬、厚，鞋跟过高等问题，这对儿童脚部生长发育有着不利的影响。

二、童鞋设计的四大机能

1．考虑到孩子不成熟的脚形，开发了宽敞舒适的不对称鞋楦，防止脚拇趾外翻。

2．正确弯曲的外底设计，可以使鞋底沿着从大拇趾关节到小趾关节的连线弯曲，与脚掌的自然弯曲位置一致，从而防止扁平足。

3．补强板箱式结构，促使孩子脚骨架正常发育，防止过度内转。

4．按照足弓到脚跟的正常形状设计的杯状鞋垫能促进足弓的健康发育。

三、儿童运动鞋的特点

儿童运动鞋讲究轻巧、透气、舒适、适合脚型健康生长等特点。儿童运动鞋不但在性能上有很高的要求，如稳定后跟骨、保护脚踝、具备很强的耐磨性、防滑性，还要保证更高的舒适度。而且在色彩搭配、环保材料的应用上都有严格的要求。

儿童运动鞋最大的特点就是鞋后帮有一个50°左右

的后跟杯，这样可以保证后港宝所承受的力恰好大于儿童脚部变形时的扭转力，它对儿童脚部发育将起到修正的作用，并能进一步控制后跟外翻、内翻。温和的足弓垫承托儿童的足弓，减少疲劳，有效减少扁平足、高弓足的发病率。鞋底要容易曲折，这样有助于儿童起步，减轻脚部疲劳。

儿童在行走时，足弓部位所受重量最大，所以在设计童鞋时，应该特别注意足弓部位的缓冲性能设计，同时应该注意加强足后跟部位的稳定性和足前掌部位的弹性设计。儿童运动鞋应紧密贴合儿童骨骼生长发育的特点，在每款产品的设计上，都力求符合儿童的生长规律，贴合儿童的生理和心理需求。

四、儿童滑板运动鞋设计比例图

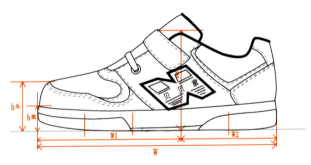

图 7-1　儿童滑板运动鞋设计比例图

设 W 为儿童滑板运动鞋鞋底长，H 为鞋底到脚山高度，h 底为鞋底厚度，h 头为鞋头厚度。则：

（1）W=200mm（并将底长平均分为 5 等份，即每份长度为 40mm）

（2）H ≈ 75mm ≤ W2

（3）h 头 ≈ 38mm ≤ 1/2H

（4）h 底 ≈ 20mm=1/4H

五、儿童滑板运动鞋手绘设计步骤

（以大童 31# 为例）

步骤 1：准备 A4 纸，定地平线，构图居中偏下。

步骤 2：设鞋底长为 W=200mm，分为五等份，则 W1=3A=120mm，W2=2A=80mm，A=40mm。

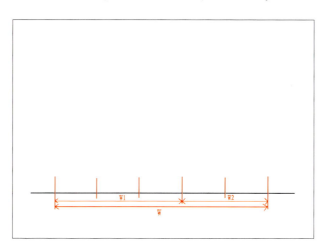

步骤 3：设 H 为地平线到脚山高度 ≈ 75mm ≤ W2。

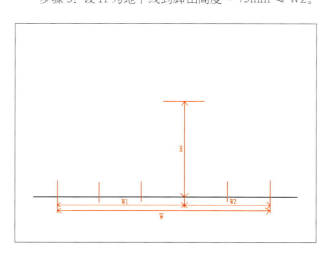

步骤 4：设 h 底为鞋底厚度 ≈ 20mm=1/4 H。

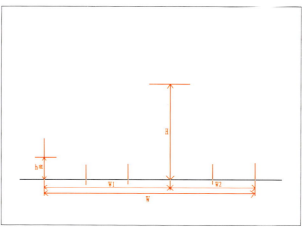

步骤 5：设 h 头为鞋头厚度 ≈ 38mm ≤ 1/2 H。

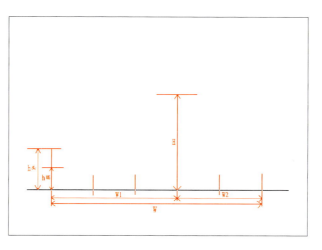

步骤 6：绘制鞋底外轮廓。滑板鞋鞋底通常较为平板，一般无足弓设计。

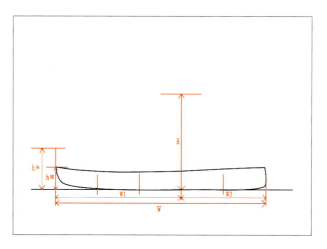

步骤7：绘制鞋底。参考成人滑板运动鞋鞋底式样，保持简洁、大方的特征。

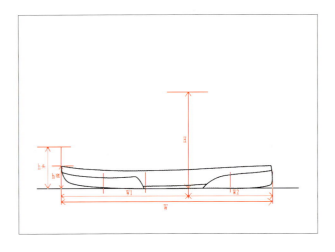

步骤10：绘制鞋身前帮部件。比例应准确，线条要流畅，造型要美观。

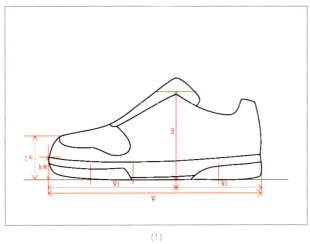

(1)

步骤8：绘制背中线、鞋舌。背中线的弯度确定了鞋身的造型。

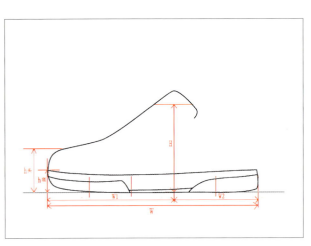

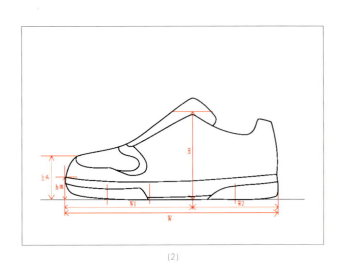

(2)

步骤9：绘制帮面外轮廓。把握线条的流畅，帮面外轮廓决定了款式造型。

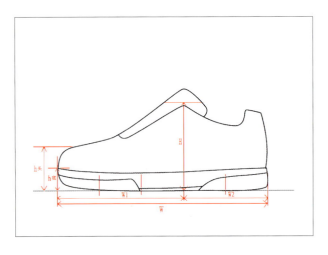

步骤11：绘制中帮部件。协调前后帮比例，准确设计支撑力。

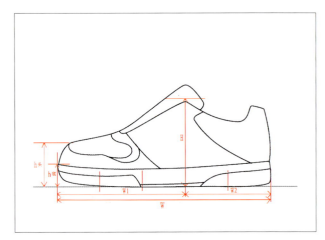

步骤12：绘制后帮部件。保持整体美观，统一协调，层层递进。

步骤13：绘制眼扣、鞋带、魔术扣。画龙点睛，提高装饰效果。

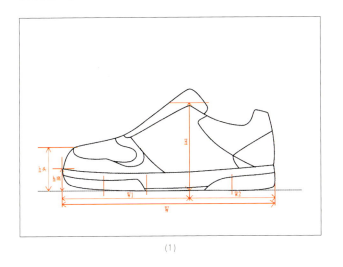

(1)

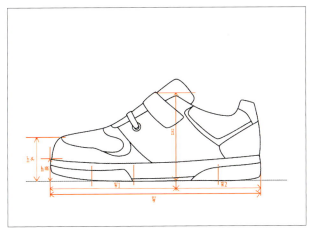

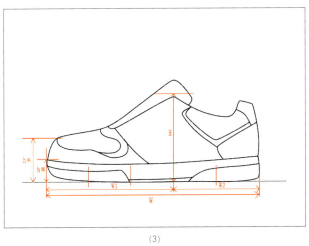

(2)

步骤14：绘制缝线。设计好单双缝线的分布，使整体统一协调，并能起较好的装饰效果。

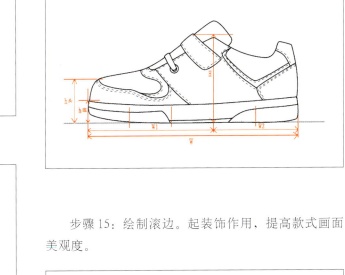

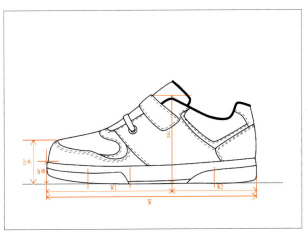

(3)

步骤15：绘制滚边。起装饰作用，提高款式画面美观度。

步骤16：绘制商标。外腰上图文结合的商标装饰款式造型，起重要的点缀效果。

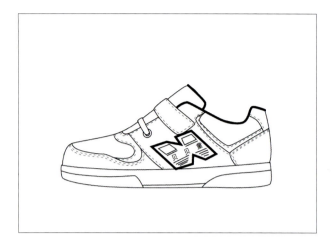

第二节 儿童休闲运动鞋手绘设计

一、儿童休闲运动鞋的特点

1. 造型特点

儿童休闲运动鞋的造型特点要有个性、时尚、超酷，要有丰富的款式、百变的造型、炫目的色彩以及融合优质精选的材料，体现科技力量，用科技文化创新品牌。

2. 功能特点

儿童休闲运动鞋的功能特点首先要特别注意其安全性和舒适性两个方面的设计，而选择无毒、无害的材料和无污染的工艺是确保童鞋安全舒适的前提。例如采用发声设计可增加趣味，采用魔术贴更易于穿脱，采用防滑鞋底和防震鞋垫更安全且具保护功能等。

3. 材料特点

鞋头部位面料不能太软，以免难以抵抗硬物对脚趾的冲撞，加上宝宝走路多有用脚踢东西玩的习惯，过软的鞋面既不坚固，又不安全。脚背处的鞋面材料要柔软些，以利于脚部的弯折。后帮应硬挺、包脚，以减少脚在鞋内的活动空间。由于儿童骨骼、关节、韧带正处于发育时期，平衡稳定能力不强，鞋后帮如果太柔软，脚在鞋中得不到相应的支撑，会使脚左右摇摆，容易引起踝关节及韧带的损伤，还可能养成不良的走路姿势。

4. 工艺特点

童鞋的设计研发人员不仅需要掌握不同年龄儿童脚部生长规律及特点，同时对制鞋材料、工艺也要有一定的理解。此外，还要关注卡通形象、时尚文化、影视文化等对儿童兴趣喜好的影响，并能熟练地运用于童鞋造型设计和工艺制作中。

5. 鞋底特点

儿童休闲运动鞋的鞋底通常选用 TPR 材料，因其质轻，且物美价廉。童鞋的鞋跟不能过高，鞋底不能过厚和过硬，以免影响儿童的行走和脚的发育。

二、儿童休闲运动鞋设计比例图

（以大童 $31^{\#}$ 为例）

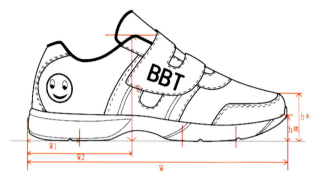

图 7-2 儿童休闲运动鞋比例图

设 W 为鞋底长，H 为鞋底到脚山高度，h 底为鞋底厚度，h 头为鞋头厚度。则：

（1）W=200mm（并将底长平均分为 5 等份，即每份长度为 40mm）

（2）H ≈ 80mm=W2

（3）h 头 ≈ 36mm ≤ 1/2H

（4）h 底 ≈ 20mm=1/4H

三、儿童休闲运动鞋手绘设计步骤

（以大童 $31^{\#}$ 为例）

步骤1：准备 A4 纸，定地平线，构图居中偏下。

步骤2：设鞋底长为W=200mm，并分为五等份，则W1=40mm，W2=2W1=80mm。

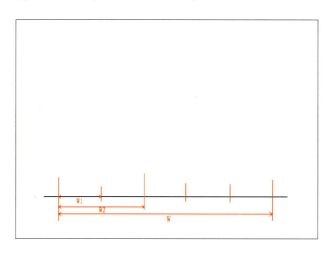

步骤3：设H为地平线到脚山高度≈80mm=W2。

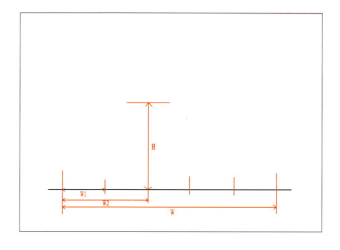

步骤4：设h底为鞋底厚度≈20mm=1/4 H。

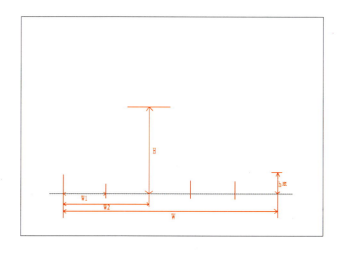

步骤5：设h头为鞋头厚度≈36mm≤1/2 H。

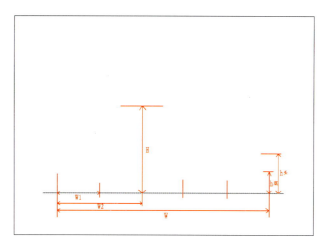

步骤6：绘制鞋底外轮廓。足弓和前尖设计是该款式的设计特色，鞋头前跷度为20°～30°，后方略有跷度，鞋底外轮廓有一定的起伏造型，更能体现休闲鞋的流线感。

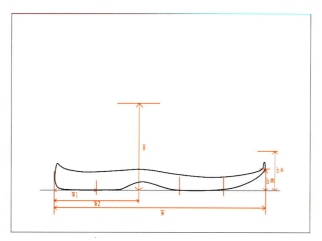

步骤7：绘制鞋底内部结构。鞋底通常采用一片式简单设计，鞋底内部通常有一些不同纹理的造型设计，更切合童真的活泼、可爱。

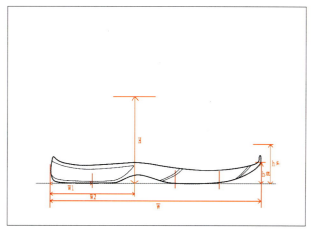

步骤8：绘制背中线、鞋舌。背中线的弯度决定了鞋身的造型，也是与其他款鞋造型区分的最大特点。

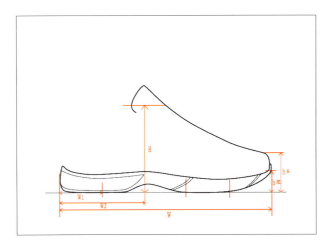

步骤9：绘制帮面外轮廓。由整体到局部的作画方式。帮面外轮廓决定了休闲鞋的式样。

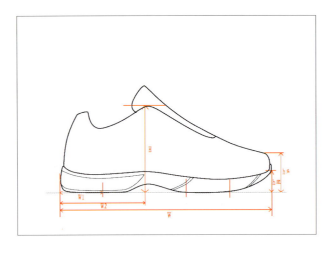

步骤10：绘制前段帮部件。保持下笔准确，造型美观，线条流畅，C型鞋头片是最常用的造型方法之一，具有简洁、大方的特点。

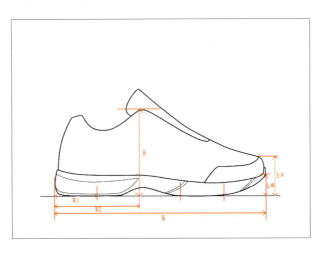

步骤11：绘制中帮部件。要求下笔准确，造型美观，线条流畅，整体协调。

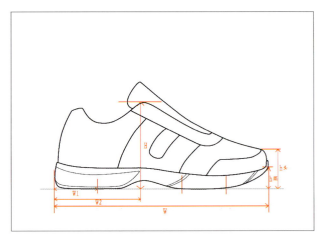

步骤12：绘制后帮部件。要求保持整体美观，统一协调，层层递进。

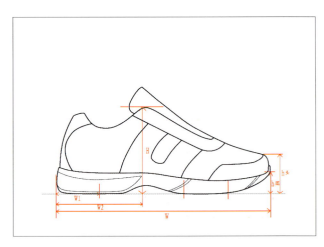

步骤13：绘制魔术扣。此设计穿脱方便，同时也丰富了帮面设计，使造型更完美。

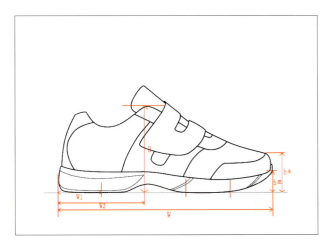

步骤14：绘制缝线。把握好单双缝线的设计，使整体统一协调，并能起较好的装饰作用。

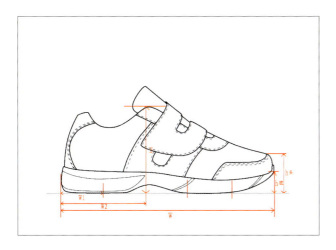

步骤15：绘制滚边。具有装饰作用，同时使款式画面更美观。

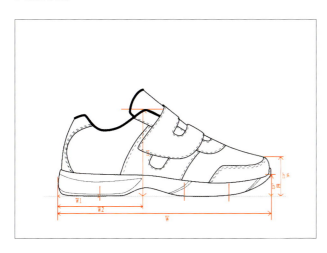

步骤16：绘制魔术扣、卡通图、文字和商标。具有装饰鞋身造型、贴近童心的作用，同时起重要的点缀作用，使作品更完美。

第三节　儿童运动跑鞋手绘设计

一、儿童运动跑鞋的特点

1.帮面特点

通常采用材质较软的 PU 皮、反毛皮、网布等材质。软皮制成的鞋面对脚部肌肉的发育不会有任何影响。但鞋头部位面料不能太软，以免难以抵抗硬物对脚趾的冲撞，加上儿童走路有用脚踢东西玩的习惯，太软的鞋头既不坚固，又不安全。脚背处的鞋面材料柔软些，以利于脚部的弯折；后帮应硬挺、包脚，以减少脚在鞋内的活动空间。由于儿童骨骼、关节、韧带正处于发育时期，平衡稳定能力不强，鞋后帮假如太柔软，脚在鞋中得不到相应的支撑，会使脚左右摇摆，容易引起踝关节及韧带的损伤，还可能养成不良的走路姿势。

2.鞋底弯曲度特点

童鞋鞋底要有适当的厚度和软硬度，但过软的鞋底不能支撑脚掌，易使儿童产生疲惫感。通常选用质轻且物美价廉的 TPR 材料，较少使用 RB 和 MD。其实，鞋的舒适感除了来自合适的软硬度外，还取决于鞋底的弯折部位。很多童鞋的弯折部位在鞋的中部，即脚的腰窝处，这样容易伤害儿童比较娇弱的足弓。科学的弯折部位应位于脚前掌的跖趾关节处，这样才能与行走时脚的弯折部位相符。

3.鞋底厚度

在行走时，鞋随着脚部的运动须不断地弯曲，鞋底越厚，弯曲就越费力，尤其对于爱跑爱跳的儿童来说，厚底鞋更容易引起脚的疲惫，进而影响到膝关节及腰部的健康。另外，厚底鞋为了表现曲线美，往往加大后跟的高度，这会令整个脚部前冲，破坏脚的受力平衡，长期如此会影响儿童脚部的关节结构，甚至导致脊椎生理曲线变形，严重者将使大脑、心脏、腹腔的正常发育受到影响。因此，儿童鞋适宜的鞋底厚度应为 5mm ～ 10mm，鞋跟高度应在 6mm ～ 15mm 之间。

4.工艺特点

对于童鞋的设计研发人员，不仅需要掌握不同年龄儿童脚部生长规律及特点，同时对制鞋材料、工艺也要有一定的了解。此外，还要关注卡通形象、时尚文化、影视文化等对儿童兴趣喜好的影响，并能熟练地运用于童鞋造型设计和工艺制作中。

二、儿童运动跑鞋设计比例图

（以大童31# 为例）

设 W 为鞋底长，H 为鞋底到脚山高度，h底为鞋底厚度，h头为鞋头厚度。则：

图 7-3　儿童运动跑鞋设计比例图

（1）W=200mm（并将底长平均分为 5 等份，即每份长度为 40mm）

（2）H ≈ 76mm ≤ W2

（3）h头 ≈ 40mm=1/2H

（4）h底 ≈ 25mm ≤ 1/3H

三、儿童运动跑鞋手绘设计步骤

（以大童31# 为例）

步骤1：准备 A4 纸，定地平线，构图居中偏下。

步骤2：设鞋底长为 W=200mm，并分为五等份，则 W1=40mm，W2=2W1=80mm。

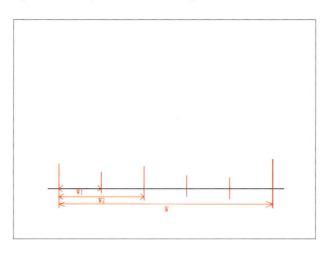

步骤3：设 H 为地平线到脚山高度，H≈76mm≤W2。

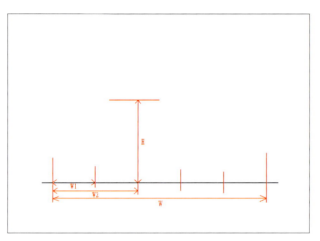

步骤4：设 h底为鞋底厚度 ≈ 25mm ≤ 1/3H。

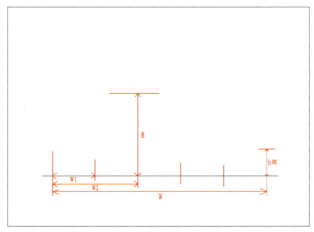

步骤 5：设 h 头为鞋头厚度 ≈ 40mm=1/2H。

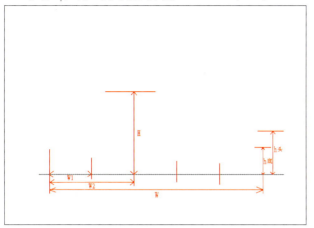

步骤 6：绘制鞋底外轮廓。足弓和前尖设计是大部分跑鞋设计特色，鞋头前跷度为 25°～30°，后方略有跷度。鞋底外轮廓有波浪式的起伏造型，更能体现跑鞋的动感和速度感。

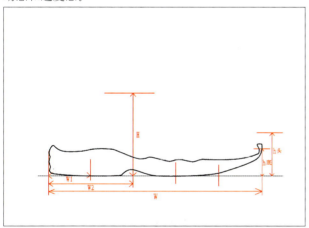

步骤 7：绘制鞋底内部结构。通常采用 2 片式设计，其中最底层为大底片，常用 TPR 材料，具有物美价廉的优点，降低童鞋成本，还具有减震和缓冲性能，底部常有丰富的底纹设计。大底片上面属中底，通常采用 MD、PHYLON、PU 等材料，具有质轻减压的优点。中底造型变化多端，边墙以曲线造型设计为主，更切合童真的活泼、可爱。

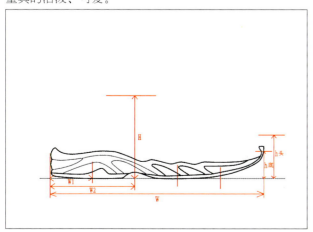

步骤 8：绘制鞋底纹。底纹设计是大底设计的一部分，具有耐磨、防滑和增强稳定性的作用。

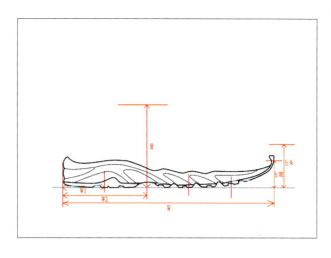

步骤 9：绘制背中线、鞋舌。背中线的弯度确定了鞋身的造型，也是与其他鞋款造型区分的最大特点。

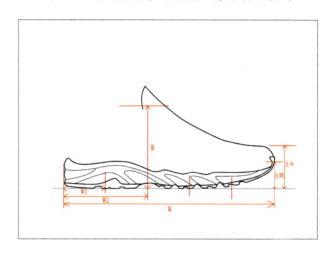

步骤 10：绘制帮面外轮廓。帮面整体外轮廓决定了跑鞋的式样。

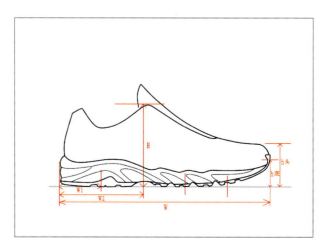

步骤11：绘制前帮部件。保持下笔准确，造型美观，线条流畅，C型鞋头片是最常用的造型方法之一，具有简洁、大方的优点。

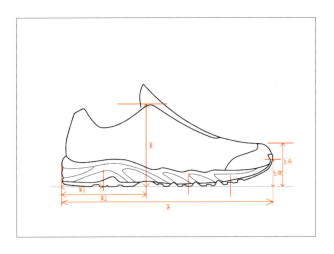

步骤12：绘制中帮部件。儿童跑鞋中帮造型较复杂，要一步一步来，确保杂而不乱。同时要求下笔准确，造型美观、线条流畅，整体协调。

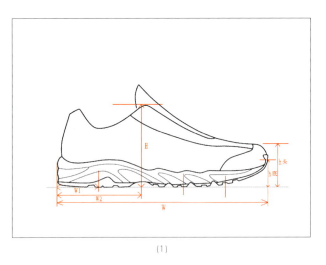

(1)

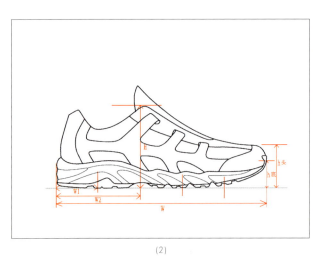

(2)

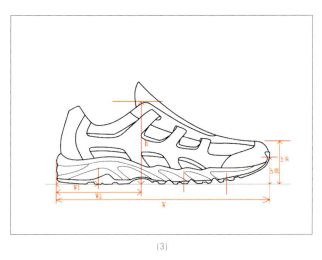

(3)

步骤13：绘制后帮部件。要求保持整体美观，统一协调，层层递进。

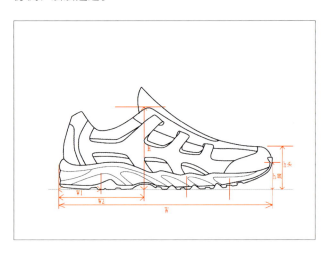

步骤14：绘制织带。织带是跑鞋常见的装饰部件。

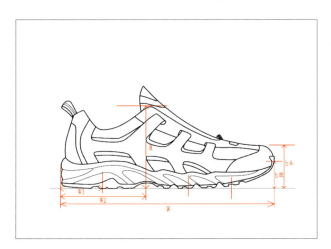

步骤 15：绘制缝线。把握好单双缝线的设计，使整体统一协调，并有较好的装饰作用。

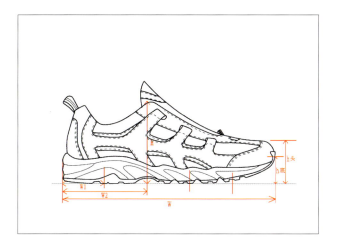

步骤 16：绘制滚边。具有装饰作用，同时使款式画面更美观。

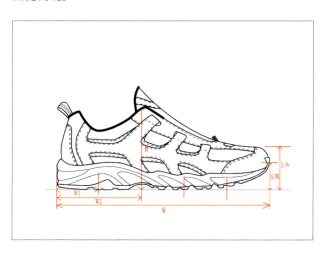

步骤 17：绘制鞋带。使用椭圆形的束紧用鞋扣，使用时鞋带可以完全不用打结，不但实用，更具有较好的外观效果。

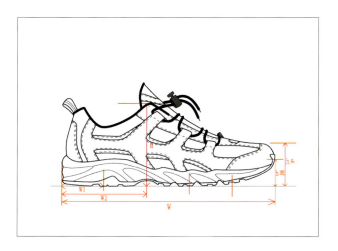

步骤 18：绘制装饰件。印刷、热切、空压、冲孔等装饰件与工艺是儿童跑鞋的特色，使帮面造型更丰富。

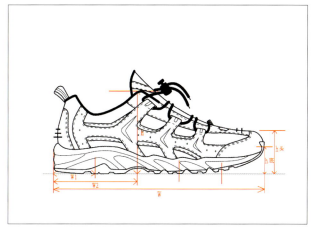

步骤 19：绘制商标。鞋舌、后方运用图片形式设计商标，起重要的点缀作用。

步骤 20：绘制网布。网布设计是儿童跑鞋的特色，考虑跑鞋的通气性、透水性和轻便实用性设计，不同季节选择不同纹路和厚度的网布进行设计。闷热的夏天，通常选用大孔的单层网布进行设计；而寒冷的冬天，选择编织密集的三明治网布来进行设计。

第四节 滑板运动鞋手绘设计

一、滑板运动鞋的特点

1. 帮面：鞋面最好是厚实的翻毛牛皮，这样比较耐磨，而鞋面所用的皮质比较软，滑板爱好者做动作时能清楚的感受到板面上的砂贴着脚面而过；鞋头最容易磨，需要很耐磨的材料，常用"ABR"超耐磨材料包裹，十分耐用；鞋带有保护设计，防止磨断；鞋舌要厚，有助于保护脚腕。

2. 鞋底：鞋底要有缓冲功能。

3. 鞋垫：滑板运动鞋的鞋垫要硬度适中，回弹性好，以便更好地体现运动效果和更舒服的滑板感觉。

4. 工艺：滑板鞋常用的装饰工艺有假车线、电绣、包边、印刷、热切、布标、网点分化、冲孔、镂空等手法，运用时要注意其图案创意、造型、数量、位置、色彩、质感等，这些因素决定了装饰工艺的运用效果。

二、滑板运动鞋设计比例图

（以女款 37# 为例）

1. 设 W= 鞋长 =5 W1=250mm，则 W1=50mm，W2=2 W1=100mm

2. 设 H= 鞋底到第一护眼的高度 ≈ 100mm=W2

3. 设 h 底 = 鞋底厚度 ≈ 25mm= 1/4 W2

4. 设 h 头 = 鞋头厚度 ≈ 50mm=1/2 W2

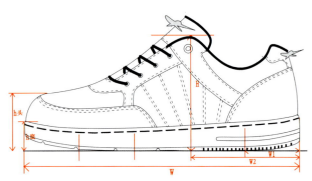

图 7-4　滑板运动鞋设计比例图

三、滑板运动鞋手绘设计步骤

（以女款 37# 为例）

步骤 1：准备 A4 纸，定地平线，构图居中偏下。

步骤 2：设鞋底长为 W=250mm，并分为五等份，则 W1=50mm，W2=2W1=100mm。

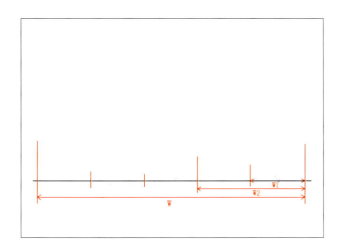

步骤 3：设 H 为地平线到脚山高度 ≈ 100mm=W2。

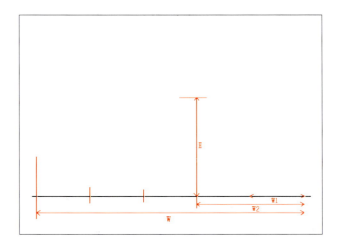

步骤 4：设 h 底为鞋底厚度 ≈ 25mm=1/4H。

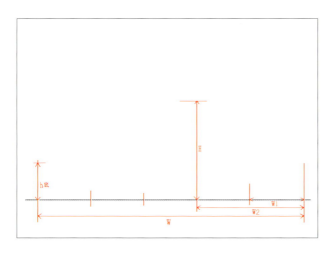

步骤 7：绘制鞋底内部结构。保持简洁、大方的特征。

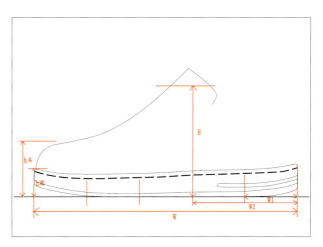

步骤 5：设 h 头为鞋头厚度 ≈ 50mm ≤ 1/2W2。

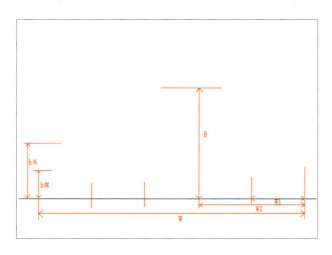

步骤 8：绘制背中线、鞋舌。背中线的弧度决定了鞋身的造型。

步骤 6：绘制鞋底外轮廓。鞋底通常较为平板，一般无足弓设计。

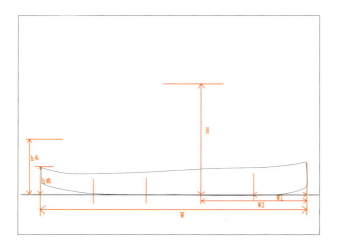

步骤 9：绘制帮面外轮廓。帮面整体外轮廓决定了滑板运动鞋的外观造型。

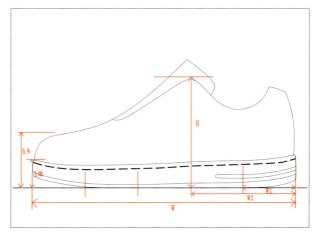

步骤10：绘制前帮部件。下笔准确，线条流畅。C型鞋头片设计更显鞋身造型的简洁大方。

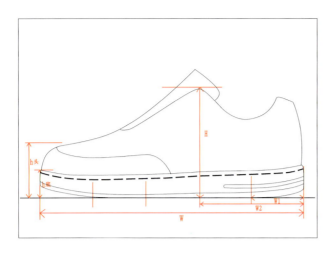

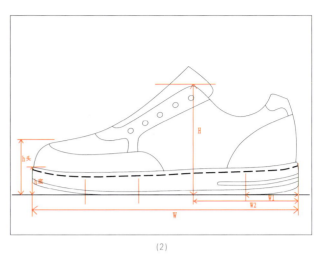

(2)

步骤11：绘制中帮部件。下笔准确，造型美观，线条流畅，整体协调。

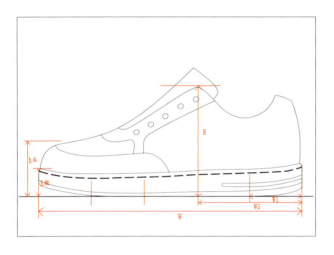

步骤13：绘制中帮眼片补强。使中帮造型更显丰富、美观。

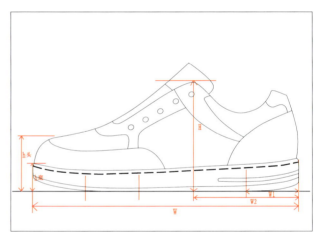

步骤12：绘制后帮部件。整体美观，统一协调，层层递进。

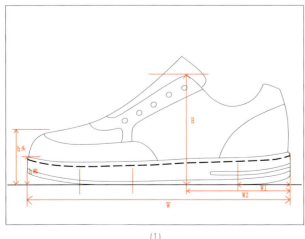

(1)

步骤14：绘制缝线。单、双缝线相间，使整体更统一协调，并能起较好的装饰作用。

步骤 15：绘制假缝线。起装饰、点缀的作用。

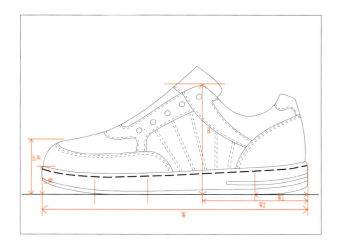

步骤 16：绘制滚边。起装饰作用，使款式画面更美观。

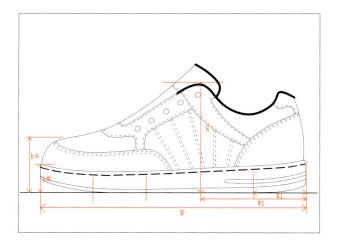

步骤 17：绘制鞋带。使中帮更具较好的外观效果。

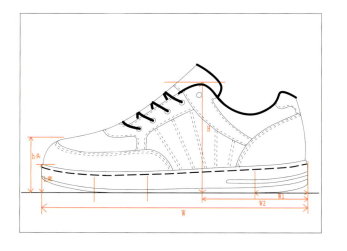

步骤 18：调整。使款式画面更统一、协调、完整、美观。

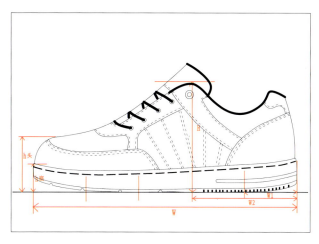

步骤 19：绘制商标。图文结合片式的商标装饰了滑板运动鞋的造型，起重要的点缀作用，使作品更完美。

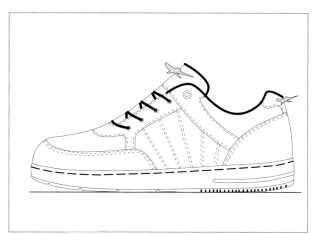

第五节 休闲运动鞋手绘设计

休闲运动鞋是时尚服饰的重要组成部分，作为服饰的一部分，必须吻合时代潮流。休闲运动鞋能表现穿着者的心态，张扬穿着者的审美观和人生观，是个人品位和文化素养的一种体现。

休闲运动鞋是休闲风格与简约风格的结合，青春活力、热情奔放是休闲运动鞋的内在风格和功用，强劲、动感的节拍更凸显出一种独立自信的风格。

一、休闲运动鞋设计思路

鞋类设计师在鞋设计中，要充分认识和理解服装与鞋相互之间密切的时尚搭配关系。休闲运动鞋设计的整体思路是把社会发展的历史和自然相互结合成有机的整体，在生活中需要认识什么是时尚这个概念。

设计元素大都来自于大自然和人类发展过程中相关事物结合的因素，例如自然界中的花草树木都是设计的素材，以及它们的色彩的形成过程都可借鉴。色彩的搭配是人与自然协调的本能，设计中的很多元素都来自于自然，色彩的应该也不例外。设计的过程必须要考虑到与大自然协调，把人们的生活与自然融为有机的整体。

休闲运动鞋最基本的要求就是要舒适、轻便、个性，所以，保护性和功能性仍将是休闲运动鞋强调的两个主要特征。设计的特点是复古与新潮相结合，在款式方面，体现简单、飘浮的线条，抒情而轻巧，将更加具有扩张性，突出流线动感。它的发展趋势是强调舒适浪漫的款式，圆滑均匀的视觉，各种材料的混合使用和方便穿脱的结构设计。

男式休闲运动鞋强调的是自然纯真，造型更趋于理性，讲究典雅和大方，造型简洁、流畅。女式休闲运动鞋追求舒适、高雅和庄重，造型变化不大。颜色将大量采用与大自然相呼应的原则。结构线条的设计要求简单、流畅、自然，符合自然与人类相互结合的事物依赖关系。

二、休闲运动鞋设计比例图

1. 设 W = 鞋长 =5W1=250mm，则 W1=50mm，W2=2W1=100mm

2. 设 H = 鞋底到第一护眼的高度 ≈ 90mm=9/10 W2

3. 设 h 底 = 鞋底厚度 ≈ 33mm= 1/3W2

4. 设 h 头 = 鞋头厚度 ≈ 50mm=1/2W2

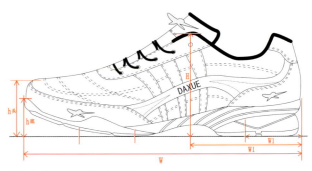

图 7-5　休闲运动鞋设计比例图

三、休闲运动鞋手绘设计步骤

步骤1：准备 A4 纸，定地平线，构图居中偏下。

步骤 2：设鞋底长为 W=250mm，并分为五等份，则 W1=50mm，W2=2W1=100mm。

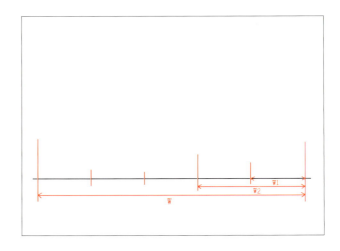

步骤 3：设 H 为地平线到脚山高度 ≈ 90mm＝9/10 W2。

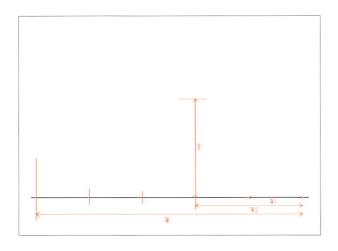

步骤 4：设 h 底为鞋底厚度 ≈ 33mm＝1/3H。

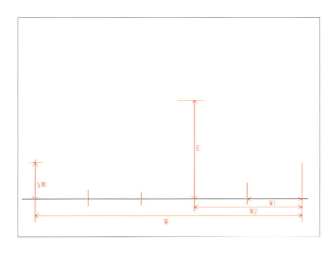

步骤 5：设 h 头为鞋头厚度 ≈ 50mm＝1/2W2。

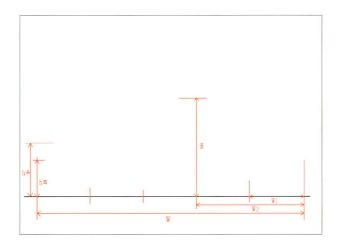

步骤 6：绘制鞋底外轮廓。足弓和前跷设计是休闲鞋设计特色，鞋头前跷度为 20°～30°，后方略有跷度，鞋底外轮廓有一定的起伏造型，更能体现休闲鞋的流线感。

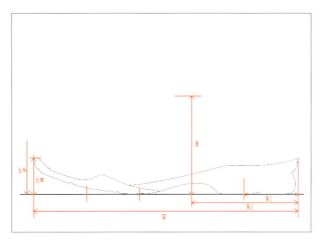

步骤 7：绘制鞋底。两片式鞋底造型设计，中底较细腻的造型设计，使中底更显丰富。

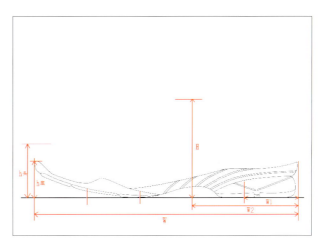

步骤 8：绘制背中线、鞋舌。背中线的弧度确定了鞋身的造型。

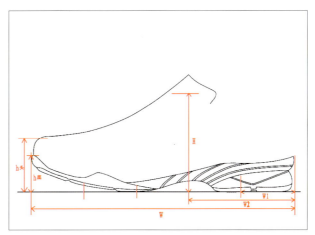

步骤9：绘制帮面外轮廓。由整体到局部，帮面整体外轮廓决定了休闲鞋的造型。

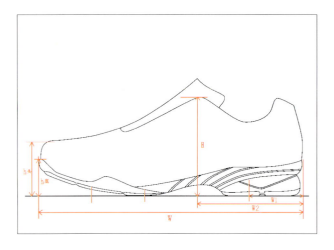

步骤10：绘制前帮部件。前端中点向上沿背中线取到楦体头厚的部位的弧线长度，根据鞋的头部造型特征确定，保持线条流畅。

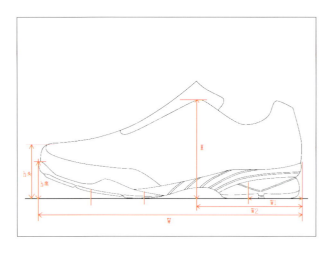

步骤11：绘制中帮部件。在鞋的结构造型中控制其高度，使后帮的高度同前帮的高度、长度相互协调。

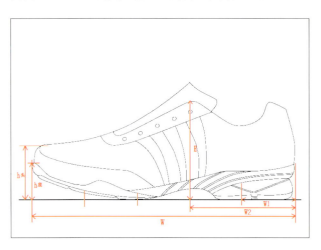

步骤12：绘制后帮部件。后帮造型时，采用设计支跟，可以起到装饰、衬托鞋结构的完整和美感的作用。

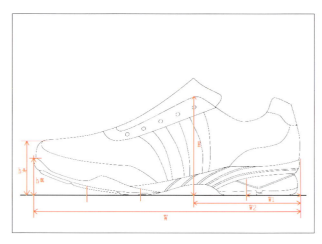

步骤13：绘制中帮饰条。使鞋身造型更流畅、美观，更好地表现休闲鞋的流动性。

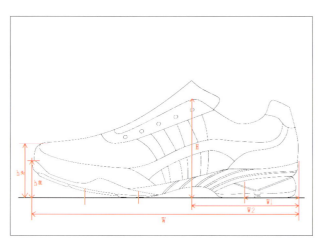

步骤14：绘制鞋舌补强。使整个鞋款更有支撑力。

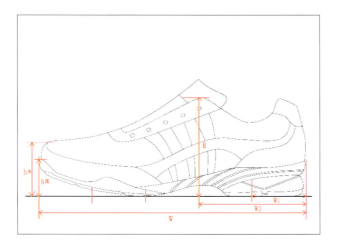

步骤 15：绘制缝线。把握好单双车线的设计，其特征是圆顺、飘逸、起伏、委婉等，具有极强的跳跃感和律动感。

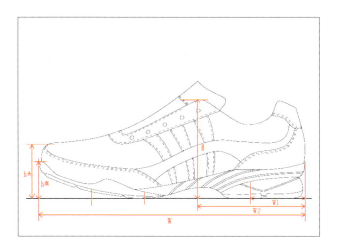

步骤 16：假缝线绘制。假线构成在鞋设计中往往给人一种律动、流畅、柔美的感觉。

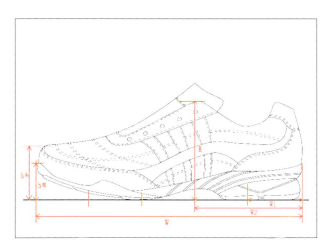

步骤 17：绘制滚边。具有装饰作用，同时使款式画面更美观。

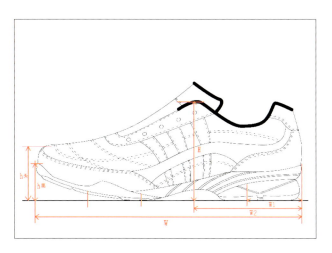

步骤 18：绘制鞋带。使画面更统一、协调、完整、美观。

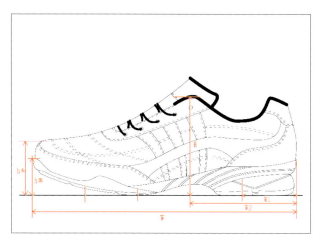

步骤 19：绘制装饰工艺。印刷、热切等工艺是这款休闲鞋的特色，使帮面造型更丰富，同时贴合休闲鞋运用新工艺、新技术的设计理念。

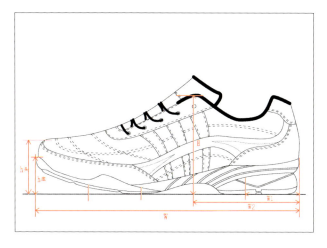

步骤 20：绘制商标。图案、文字两种方式设计商标，装饰鞋身造型，同时起重要的点缀作用，使作品更完美。

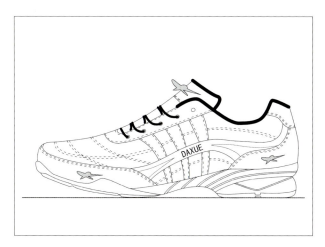

第六节　运动跑鞋手绘设计

运动跑鞋设计表现为运动力学的方向和作用力点的着地点，以及踵心主力的角度的方向性，要注重帮面所用的材料和鞋底花纹的设计。

一、运动跑鞋的特点

运动跑鞋具备舒适透气、高避震系统、提供支撑力、全方位抓地力等功能，可使穿着者在进行慢跑运动时更为轻松。其中外底是接触地面的一层，质地稍硬、耐磨，有防滑功能。也有少数极轻的运动跑鞋没有外底，这类鞋只适合在跑步机上跑步时穿着。中层底是最重要的减震层，它比外底软，足弓处的支撑可以控制鞋弯曲的扭曲力，并把落地时的冲击力从脚跟传导到脚掌。鞋后跟里的减震装置是最重要的，各个品牌有各自的技术与特点。内底通常可以取出，它是减震和矫正脚形缺点的最后一道防线。鞋面主要是让脚与鞋紧密结合，兼有透气散热的功能。鞋后跟的硬帮可以提高脚落地时的稳定性。

根据生物力学的需要，减震性的跑鞋，通常有较柔软的夹层鞋底，辅助足部在运动时均匀受力，帮助足部减震。鞋体通常较轻，稳定性会相对较差。稳定性的跑鞋，鞋底通常具有受力均匀的 TPU 塑料片或内侧具有高密度材料结构。这些特殊的设计能够预防因足部轻度内翻所造成的损伤，为足部内侧边缘提供良好的支撑力和耐久力。运动跑鞋，通常比较坚硬，它能够减小或控制足部的过度内翻，防止脚踝受伤，这种跑鞋的重量通常要比其他跑鞋重。构造一般是，内层为大面积受力均匀的 TPU 塑料片和延伸到前脚掌受力点的高密度加强材料，用以控制足部内旋，夹层鞋底提供持久性，外层的橡胶更加耐磨。

二、运动跑鞋设计说明

运动跑鞋设计除了线条的节奏与韵律之外，细节的刻画也是必不可少的条件。细节刻画首先表现于帮面鞋的前帮总长和口门位置的变化，用线要肯定，符合解剖与透视表现的形体特征，鞋的扣件、鞋带等都是所要表现的内容。局部处理时可以分开处理，这样对其他部位的客观把握就容易多了。

运动跑鞋设计过程中有意识地去把握线条的长短和方向性，弧线的应用都应以长线为主、短线为辅，使画面完整和谐而又保留鞋的基本形态特征，较好地达到了要表现的目的。在设计的过程中要用实践来表现鞋的形体位置和结构形态，通常用实线表现形态结构，利用虚线调整画面关系，实线不宜过多，如过多会显得呆板，如完全是虚线则表现无力，使画面没有活力（即立体效果），表现过程中应注意找出实线，使鞋的机构坚实，具有立体感效果。

三、运动跑鞋的设计比例图

1. 设 W = 鞋长 =5W1=250mm，则 W1=50mm，W2=2W1=100mm

2. 设 H = 鞋底到第一护眼的高度 ≈ 90mm=9/10 W2

3. 设 h 底 = 鞋底厚度 ≈ 35mm ＞ 1/3W2

4. 设 h 头 = 鞋头厚度 ≈ 48mm ＜ 1/2W2

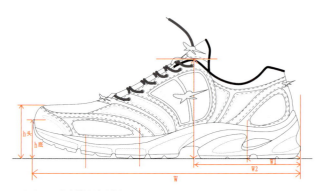

图 7-6　运动跑鞋设计比例图

四、运动跑鞋手绘设计步骤

步骤 1：准备 A4 纸，定地平线，构图居中偏下。

步骤 2：设鞋底长为 W=250mm，并分为五等份，则 W1=50mm，W2=2W1=100mm。

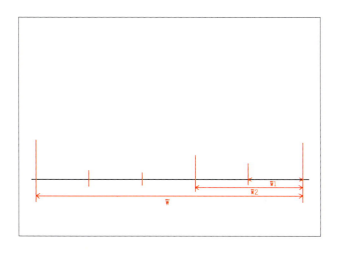

步骤 3：设 H 为地平线到脚山高度 ≈ 90mm=9/10 W2。

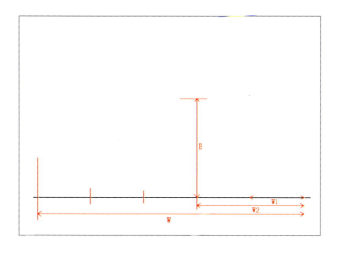

步骤 4：设 h 底为鞋底厚度 ≈ 35mm > 1/3W2。

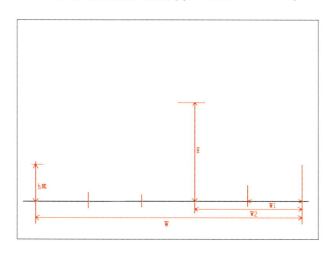

步骤 5：设 h 头为鞋头厚度 ≈ 48mm < 1/2W2。

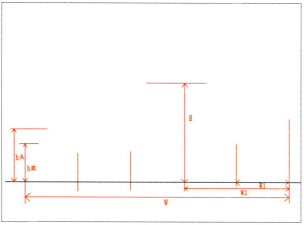

步骤 6：绘制鞋底外轮廓。足弓和前尖设计是大部分跑鞋设计特色，鞋头前跷度为 25°～30°，后方略有跷度，鞋底外轮廓有波浪式的起伏造型，更能体现跑鞋的动感和速度感。

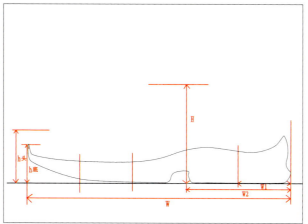

步骤 7：绘制鞋底。通常采用 2 片式设计，其中最底层为大底片，常用 RB、TPR 材料，具有耐磨、防滑等性能，底部常有丰富的底纹设计。大底片上面属中底，通常采用 MD、PHYLON、PU 等材料，具有质轻的优点，还具有减震和缓冲性能。中底造型变化多端，以曲线造型设计为主。

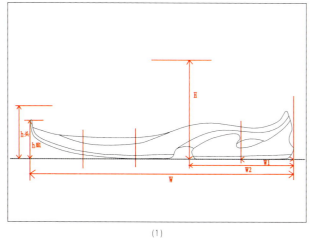

(1)

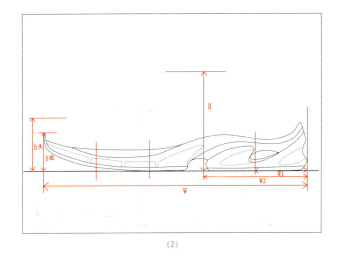

(2)

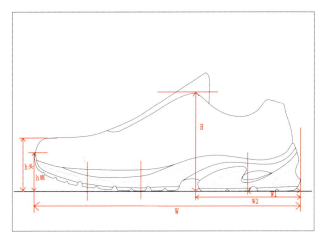

步骤8：绘制鞋底墙纹。鞋底墙纹设计应体现耐磨、防滑功能和增强稳定性的视觉感。

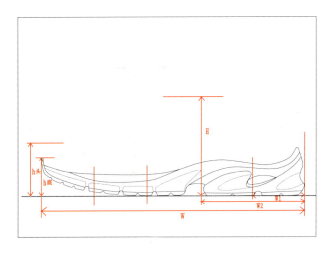

步骤11：绘制鞋头。C型鞋头片是最常用的造型方法之一，具有简洁、大方的优点。

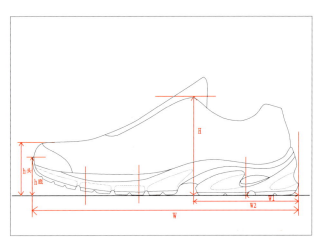

步骤9：绘制背中线、鞋舌。背中线的弧度确定了鞋身的造型。

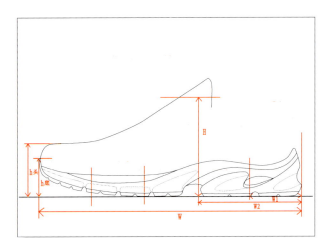

步骤12：绘制前帮部件。塑造形体具有一定组合秩序感，表达强烈的视觉冲击力。

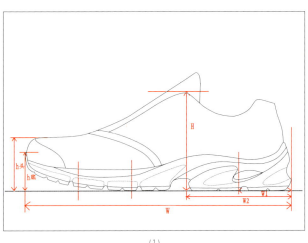

(1)

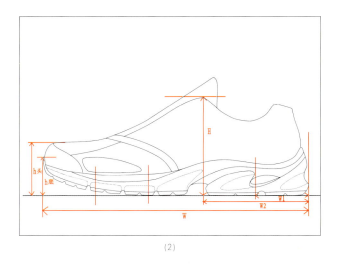

(2)

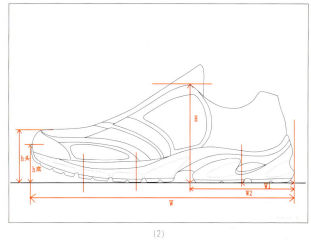

(2)

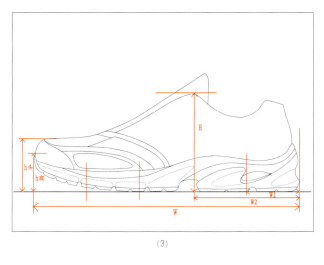

(3)

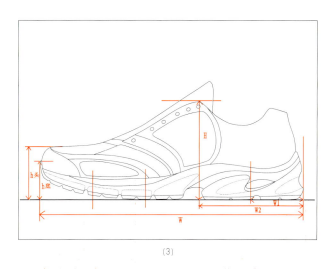

(3)

步骤 13：绘制中帮部件。跑鞋中段造型较复杂，切记要一步一步来，确保杂而不乱。其线条前后的叠压关系也是线条艺术表现透视的一种展示手段。

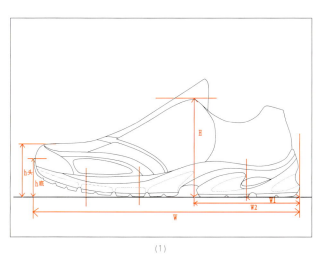

(1)

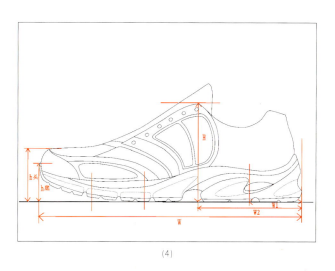

(4)

步骤 14：绘制后帮部件。要求保持整体美观，统一协调，层层递进。调整结构线的长短同局部线条的比例，造成视觉的错视反而会收到很好的艺术效果。

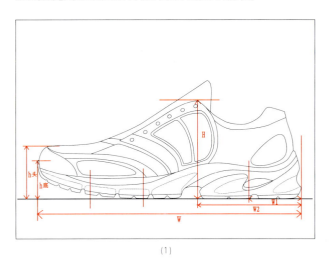

(1)

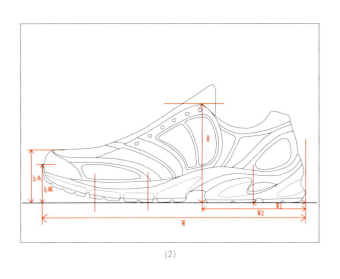

(2)

步骤 15：绘制织带、鞋舌补强。织带是跑鞋常见的装饰部件，它使跑鞋更丰富、美观。

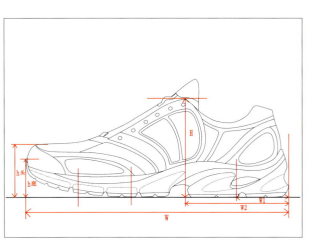

步骤 16：绘制缝线。单、双缝线的设计，使整体统一协调，并能有装饰效果。

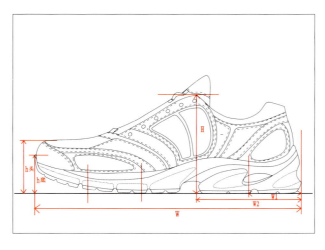

步骤 17：绘制滚边。具有装饰作用，同时使款式画面更美观。

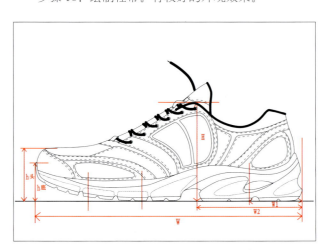

步骤 18：绘制鞋带。有较好的外观效果。

步骤 19：绘制装饰工艺。印刷、热切、空压、冲孔等工艺是跑鞋的特点，使帮面造型更丰富。

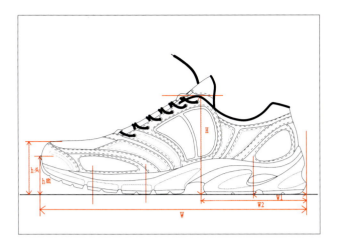

步骤 20：绘制网布。网布设计是跑鞋的特色，考虑跑鞋特有的通气性和轻便实用性设计，不同季节选择不同纹路和厚度的网布进行设计。闷热的夏天，通常选用大孔的单层网布进行设计；而寒冷的冬天，便会选择编织密集的三明治网布来进行设计。

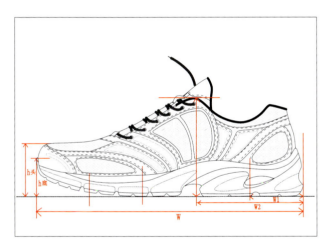

步骤 21：绘制商标。设计商标，起重要的点缀作用，使作品更完美。

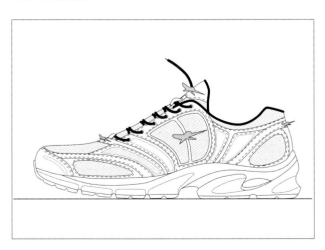

第七节　篮球运动鞋手绘设计

篮球运动鞋的设计可以配合环境视觉艺术进行设计思路整体观念的转变，其实在现代运动鞋设计的思路中，很多主题都需要从环境视觉艺术角度进行全面的思考和资源的整合。现代高帮运动鞋的设计主题基本迎合环境视觉艺术的创新设计，环境的改变在无形的过程中形成新的设计元素。

一、篮球运动鞋的特点

篮球运动对抗激烈，不断起动、急停、起跳、横向左右运动、垂直跳跃运动较多。为了能应付激烈的运动，作为一双篮球运动鞋必须具有良好的耐久性、支撑性、稳定性、曲挠性和良好的减震效果。如今篮球运动鞋已经不仅仅是在打篮球时使用，已经走在运动时尚化的前端，所以要更加关注款式格调。篮球运动鞋的鞋帮较高、鞋口较小、有较好的护踝作用、鞋底较厚、弹性高、便于跳跃投篮。篮球鞋款式一般为高帮及中帮，能有效保护脚踝，避免运动伤害。时尚化篮球运动鞋不论在运动或平时穿着时都能体现出超群的风采。

二、篮球运动鞋设计说明

本案例篮球运动鞋设计说明：其式样的构成要素是三角形和扇形。这三个布满凸起圆芯，微微并拢的三角形，在大片白色的基底上，显示出来自基底聚集的无限涌动、向上的冲击力。它们在相互连接呈扇形的白色基底上呈现出坚固的拉力状态。三角形的冲击与扇形的拉力，形成一个巨大能量的拉力场，使篮球运动鞋具有坚不可摧的强大气势。

三、篮球运动鞋设计比例图

1. 设 W= 鞋长 =5W1=250mm，则 W1=50mm，W2=2W1=100mm

2. 设 H= 鞋底到第一护眼的高度 ≈ 110mm=W2+10mm

3. 设 h 底 = 鞋底厚度 ≈ 35mm > 1/3H

4. 设 h 头 = 鞋头厚度 ≈ 50mm=1/2W2

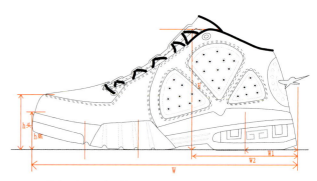

图 7-7　篮球运动鞋设计比例图

四、篮球运动鞋手绘设计步骤

步骤 1：准备 A4 纸，定地平线，构图居中偏下。

步骤 2：设鞋底长为 W=250mm，并分为五等份，则 W1=50mm，W2=2W1=100mm。

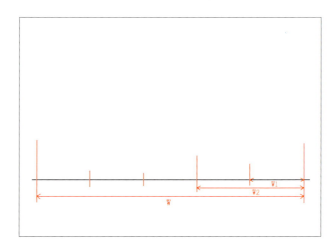

步骤 3：设 H 为地平线到脚山高度 ≈ 110mm＝W2+10mm。

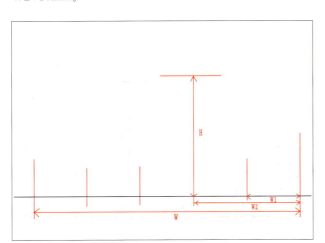

步骤 4：设 h 底为鞋底厚度 ≈ 35mm ≥ 1/3H。

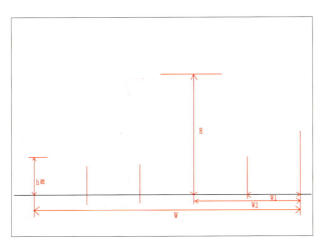

步骤 5：设 h 头为鞋头厚度 ≈ 50mm＝1/2W2。

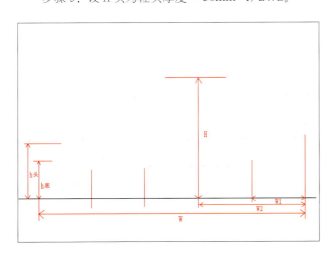

步骤 6：绘制鞋底外轮廓。篮球运动鞋鞋底设计较为平板，足弓较小。

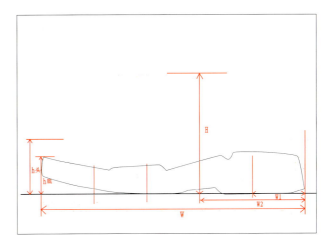

步骤 7：绘制鞋底部件。准确的比例为鞋帮配套相应的鞋底部件结构。

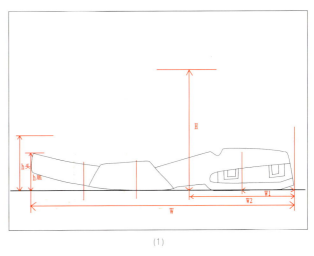

(1)

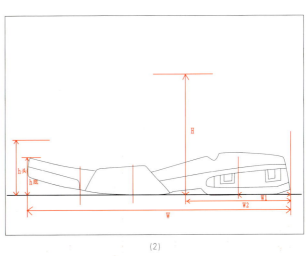

(2)

步骤8：绘制背中线、鞋舌。背中线和鞋舌的弧度确定了款式的造型比例。

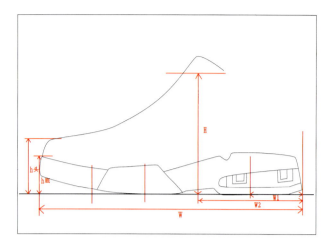

步骤9：绘制轮廓。把握好由局部到整体的绘画方式。轮廓确定了款式的外观造型。

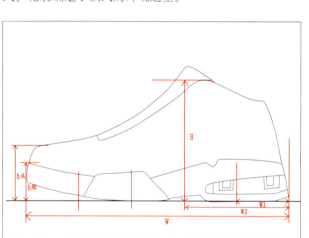

步骤10：绘制鞋底边墙。边墙花纹构思应与鞋帮部件设计相呼应。

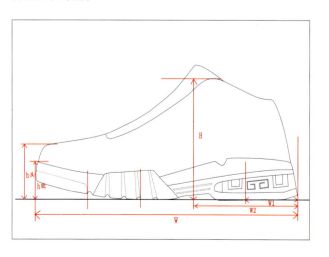

步骤11：绘制前帮。跷度比例要准确，线条要流畅，才能产生强烈的动感。

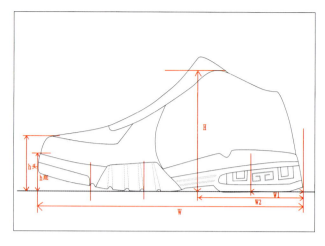

步骤12：绘制中帮部件。线条要准确流畅，中帮部件要协调美观。

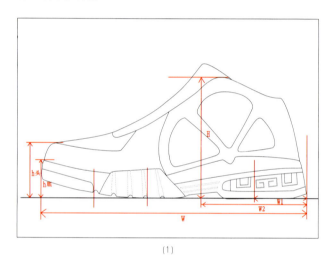

(1)

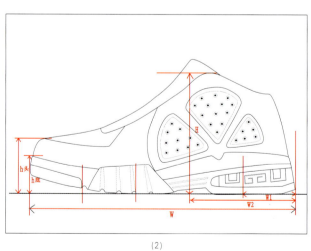

(2)

步骤13：绘制后帮部件。部件排列要有艺术感，促进款式立体效果的体现。

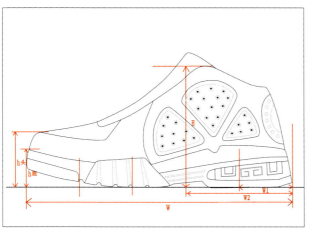

步骤14：绘制眼扣、舌饰片。既有保护功能，又能展现篮球运动鞋的霸气。

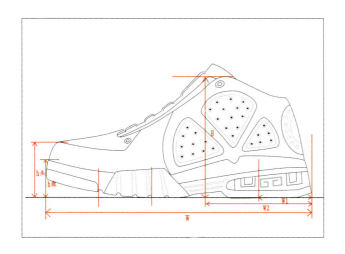

步骤15：绘制缝线。单、双针缝线相间，使整体更统一协调，并能起较好的装饰作用。

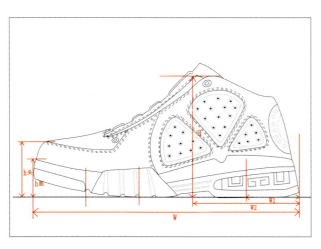

步骤16：绘制滚边。在鞋舌与领口绘制滚边条形，起装饰作用，同时使款式更美观。

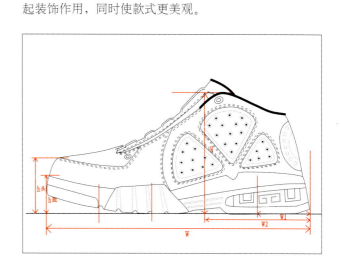

步骤17：绘制鞋带。使款式更显美观、完整、大方。

步骤18：绘制商标。图案式的商标装饰了篮球鞋的造型，起到重要的点缀作用，使作品更完美。

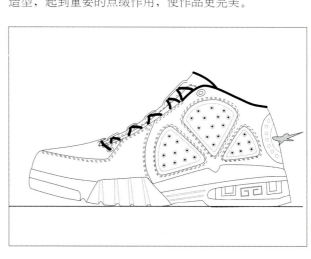

第八章　概念创意设计图参考

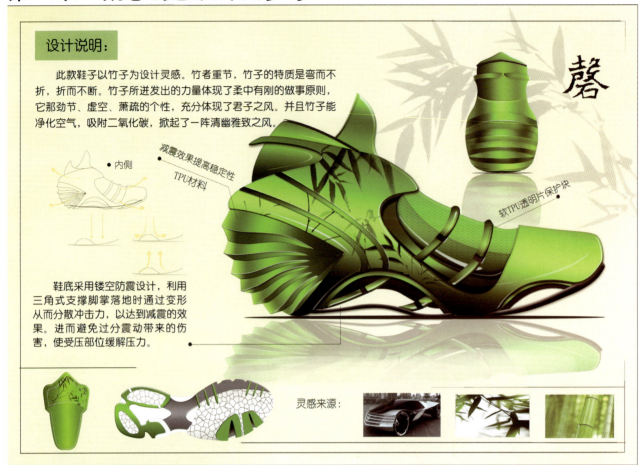

设计说明：

　　此款鞋子以竹子为设计灵感。竹者重节，竹子的特质是弯而不折，折而不断。竹子所迸发出的力量体现了柔中有刚的做事原则，它那劲节、虚空、萧疏的个性，充分体现了君子之风。并且竹子能净化空气，吸附二氧化碳，掀起了一阵清幽雅致之风。

•内侧

减震效果提高稳定性

TPU材料

软TPU透明片保护块

　　鞋底采用镂空防震设计，利用三角式支撑脚掌落地时通过变形从而分散冲击力，以达到减震的效果。进而避免过分震动带来的伤害，使受压部位缓解压力。

灵感来源：

鳄鱼休闲鞋

设计说明：

　　该款鞋灵感来源于鳄鱼，成熟稳重的橄榄绿展现了鳄鱼独特的肤色，边侧的草席纹在酷热的夏天，给人以凉爽的感觉，后方铁扣设计，时尚又不失休闲风。

鹿

设计说明：

　　本作品以普蓝和棕色为主色调，让人联想到一种复古的感觉，并且用大地色来点缀略显柔和、朦胧的味道。在帮面设计上大量采用了古典麋鹿的纹理，彰显着一股旧时代的复古美感。

鹤

胄

设计说明

"未游沧海早知名，有胄还从肉上生。莫道无心畏雷电，海龙王处也横行。"

众所周知，帝王蟹素有"蟹中之王"之美誉，与生俱来的霸气，衬托出它帝王气质。全身坚甲铁铠，亦有傲骨之风和坚韧不拔的精神。

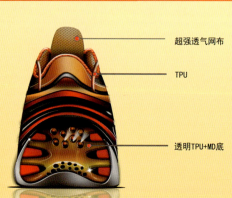

超强透气网布

TPU

透明TPU+MD底

鞋底采用低密度聚氨酯制成。使鞋底抗冲击性能加强，鞋底后部设有若干透气孔，透气孔上还设有透气防水层。使鞋底具有立体透气防水的功能，起到有效提高鞋子穿着舒适度。还可减小腿部和足部震动，帮助减缓全身关节疼痛。

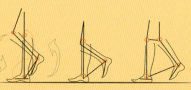

安全扣采用先进齿轮自调节搭扣系统，打破传统搭扣方式，更加便捷安全的保护脚部

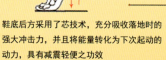

  缓震小球

鞋底后方采用了芯技术，充分吸收落地时的强大冲击力，并且将能量转化为下次起动的动力，具有减震轻便之功效

运用了TPU材料，充分固定住前掌脚部，增强了脚部安全和稳定

模仿帝王蟹身上的刺角，在鞋身后方运用了铆钉装饰，更凸显了它的帝王之气势

在帮面上采用了金黄色超纤龙纹理，更加能体现出此款运动鞋，霸气十足的帝王气概，

青铜

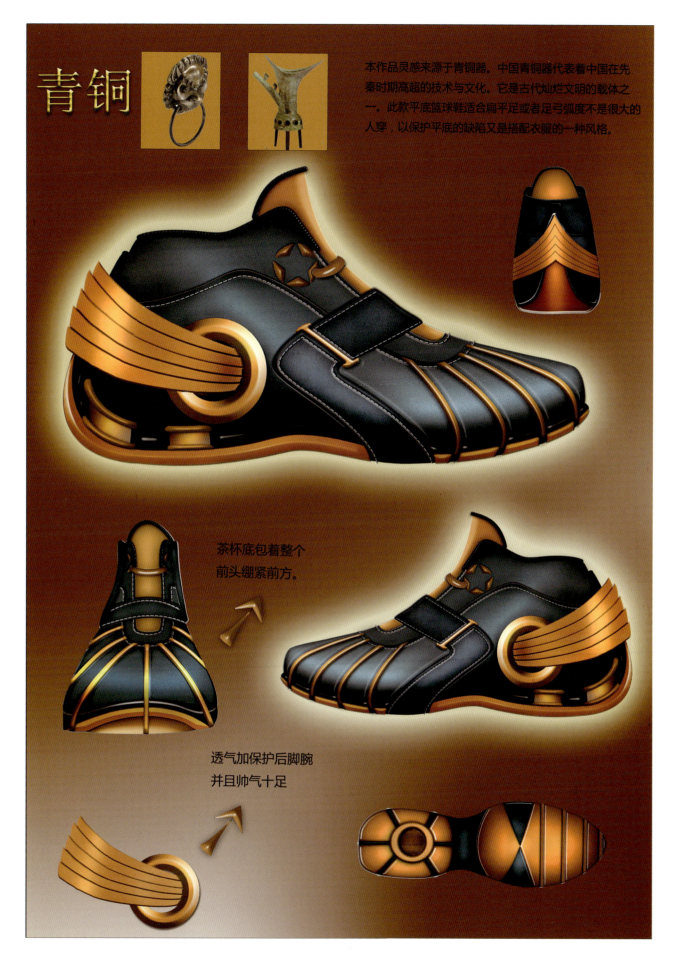

本作品灵感来源于青铜器。中国青铜器代表着中国在先秦时期高超的技术与文化。它是古代灿烂文明的载体之一。此款平底篮球鞋适合扁平足或者足弓弧度不是很大的人穿，以保护平底的缺陷又是搭配衣服的一种风格。

茶杯底包着整个前头绷紧前方。

透气加保护后脚腕并且帅气十足

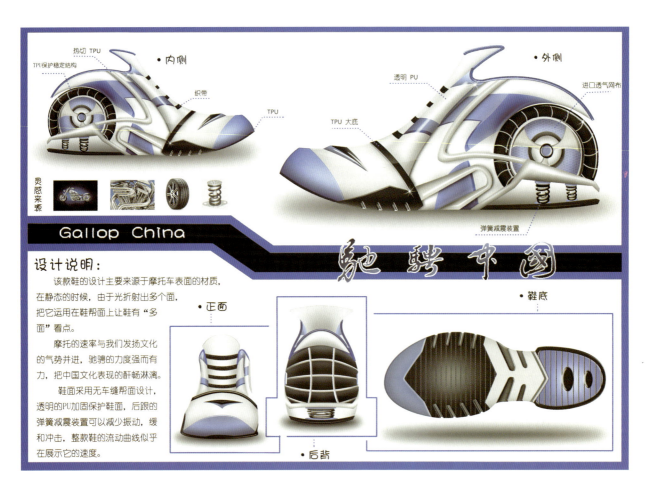

热切 TPU
TPU保护稳定结构
织带
· 内侧
· 外侧
透明 PU
进口透气网布
TPU
TPU 大底
弹簧减震装置

灵感来源

Gallop China

驰骋中国

设计说明：

　　该款鞋的设计主要来源于摩托车表面的材质，在静态的时候，由于光折射出多个面，把它运用在鞋帮面上让鞋有"多面"看点。

　　摩托的速率与我们发扬文化的气势并进，驰骋的力度强而有力，把中国文化表现的酣畅淋漓。

　　鞋面采用无车缝帮面设计，透明的PU加固保护鞋面，后跟的弹簧减震装置可以减少振动，缓和冲击，整款鞋的流动曲线似乎在展示它的速度。

· 正面
· 鞋底
· 后背

帆船

设计灵感

　　灵感来源于帆船和音符，古人云：孤帆远影碧空尽，唯见长江天际流。帆船具有独特的冲击力，尽管在茫茫大海中只是一个小小的叶子，但是无论前方多迷茫，它总是能找到力量，能够穿越困难，到达梦想的地方。

中底TPU起支撑作用
气垫具有缓解压力和反弹作用
柱子具有减震作用

扬帆起航

橡胶耐磨作用　气垫增强瞬间弹跳力　震动沟防滑设计

受力　　　　　　　　　　反弹

运用风帆外形设计　金属音符做装饰　线条印刷带既有美观又有装饰作用　前头松紧

鞋底功能性解析

EVA鞋垫具有按摩功能和防霉功能，可以祛除脚病

MD中底有排气孔，具有良好的排气功能

橡胶大底是采用进口的耐磨橡胶，不仅耐磨还有很好的防滑功能

鞋底随脚型变型而变形

设计说明：

　　本作品灵感来源于弓箭，是中华文化传统的组成部分，具有历史悠久和丰富的内容。弦之响，箭之急，迸发出青春的热情和勇攀高峰的意志。

弓箭

鞋垫（尼龙材料，采用天然乳胶结合完美的鞋床设计，增加弹性，透气，抓紧鞋床，增加足部血循环）

中底（上层材质，紧贴脚型的束缚感受，改善走路的姿势）

大底（TPU，增强摩擦及减震的功效）

"弓"字型（TPU）增强鞋底的摩擦

透明材料

透明滴塑弓字型（印压）

透明塑料

超纤（条纹纹理）

弓字型（TPU）

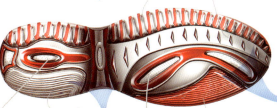

透气孔　　线条纹路

透气孔

线条纹路增加摩擦

古文

弓

在大底和边侧中片运用了古文"弓"字的造型设计的。

帮面的边侧中片和外头以"弓"字造型设计，中底的设计以弓箭的造型设计，应用了透明塑料，具有拉伸的功能，脚背受到引力弹回，保护脚背的功能。